Solares Regierungsviertel Berlin (S. 73)

Feiern mit neuer Energie (S. 94)

Denn Erneuerbare Energien haben viel mehr zu bieten: Ästhetik, Aktionen und Wissenswertes – aber eben auch Arbeitsplätze, Wirtschaftskraft und Wertschöpfung in allen Regionen Deutschlands, von der Küste bis in die Alpen. Eine Reise durch die Welt der Erneuerbaren Energien Deutschlands gibt so auch **Impulse** für den Alltag – und für den Einsatz Erneuerbarer Energien zu Hause.

Wir wünschen unvergessliche und sonnige Reisen

Philipp Vohrer
Geschäftsführer der Agentur für Erneuerbare Energien

Martin Frey
Fachjournalist und Autor für Erneuerbare Energien

Prof. Dr. Klaus Töpfer

Bundesumweltminister a. D. und Gründungsvater der Agentur für Erneuerbare Energien

Erneuerbare Energien in Deutschland zu erleben, das ist so richtig nach meinem Geschmack. In unserem herrlichen Land gibt es so viele Menschen, die zeigen, wie man Nachhaltigkeit erfolgreich leben kann. Wenn diese sogar in Hotels, auf Solarbooten oder in Infozentren als Gastgeber auftreten, dann verbringe ich doch dort am liebsten meinen Urlaub! Schon in meiner ehemaligen Tätigkeit als Exekutivdirektor des Umweltprogramms der Vereinten Nationen (UNEP), aber auch weiterhin komme ich viel in der Welt herum. Überall fragt man gespannt, wie wir Deutschen die Energiewende meistern – unsere Impulse strahlen in alle Winkel der Erde. Denn dieses Thema geht alle an. Tourismus hin zu Erneuerbaren Energien wird daher stark an Bedeutung zunehmen. Menschen wollen wissen, wie Lösungen aussehen – dazu genießen sie gerne Gastfreundschaft. Was gibt es Inspirierenderes?

Prof. Dr. Klaus Töpfer
Exekutivdirektor
Institute for Advanced Sustainability Studies e. V.

HINTERGRUND

Erfolgsgeschichte für die Wirtschaft (S. 22)

REISEZIELE VON A BIS Z

DER NORDEN

Preisgekrönte Architektur (S. 116)

Spaß mit Elektromobilität (S.175)

Moderne Umwelttechnik erwandern (S. 179)

ATLASTEIL

SOLON

HINTERGRUND

Wissenswertes zum gesellschaftlichen Kontext und der Notwendigkeit, die Energieversorgung zukünftig erneuerbar zu gestalten. Dazu ein historischer Abriss und viele Tipps und Möglichkeiten zur Nutzung Erneuerbarer Energien unterwegs.

Solare Mobilität – hier in Berlin – verbindet Klimaschutz mit modernem Reisen.

Auswirkungen des Klimawandels

Seit der Industrialisierung ist der Ausstoß des Treibhausgases Kohlendioxid (CO_2), das bei der Verbrennung fossiler Energieträger wie Kohle, Öl oder Gas freigesetzt wird, dramatisch angestiegen. Dadurch wird es auf der Erde immer wärmer, die Klimazonen verschieben sich und extreme Wetterereignisse, wie Hagel, Überschwemmungen und Dürren, nehmen zu. Je nach geografischer Lage wirken sich diese Veränderungen bereits heute unterschiedlich stark aus.

Verschiebung der Klimazonen

Weltweit setzt der **Temperaturanstieg** ohnehin schon benachteiligte Regionen weiteren Belastungen aus: Dürren, Wirbelstürme und Überschwemmungen führen zu Missernten, Hungerkatastrophen und Flüchtlingsströmen. Gleichzeitig erwärmen sich die Ozeane, Polareis und Gletscher schmelzen immer schneller und der Meeresspiegel steigt. Viele Küstenregionen und Inseln werden dadurch auf mittlere Sicht unbewohnbar. Gerade die weniger entwickelten Länder trifft dies besonders hart, denn ihnen fehlen die Mittel, um sich aus eigener Kraft an diesen Wandel anzupassen. Die Industriestaaten müssen sich ihrer Verantwortung für das Problem und seine Lösung bewusst sein. Denn letztlich ist Nichthandeln teurer als **Handeln**: Führende Ökonomen und Klimaforscher haben in Studien nachgewiesen, dass uns die zu erwartenden Klimaschäden viel teurer zu stehen kommen als **konsequenter Klimaschutz**. Zu den Maßnahmen, die notwendig sind, um den CO_2-Ausstoß zu senken, gehören insbesondere ein schonenderer Umgang mit den **natürlichen Ressourcen**, Aufforstungen, eine ökologischere Landwirtschaft und der schnellstmögliche Umstieg auf **100 Prozent Erneuerbare Energien**. Nur ein rasches Umsteuern in Richtung Klimaschutz kann den globalen Temperaturanstieg noch bremsen und die bereits jetzt absehbaren Folgen des Klimawandels entschärfen.

i *Kostenvergleich*

Stern-Report: Klimaschutz günstiger

▶ Nichthandeln ist teurer als Handeln: Um den globalen Temperaturanstieg auf höchstens 2 °C zu begrenzen, müssten jährlich 2 % der weltweiten Bruttoinlandsprodukte (BIP) für Klimaschutz ausgegeben werden. Sonst drohen über zwölfmal so hohe Kosten.

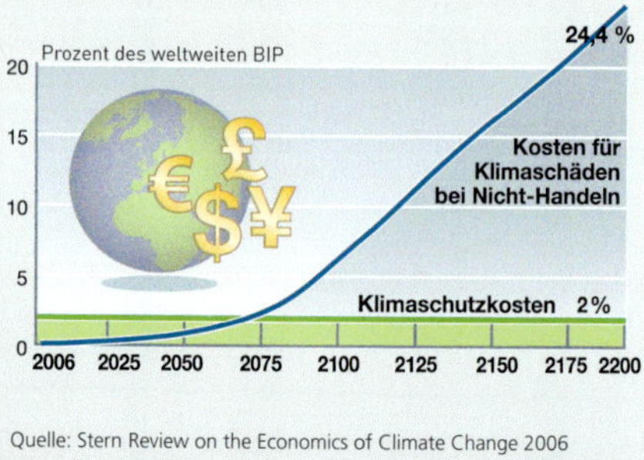

Quelle: Stern Review on the Economics of Climate Change 2006

Die Sonne – unsere Reisebegleiterin

Unser Zentralgestirn ist schätzungsweise viereinhalb Milliarden Jahre alt und wird mindestens noch einmal so lange existieren. Seine Dimensionen sind, verglichen mit der Erde, gigantisch: Der Durchmesser ist hundertmal so groß, und die Oberfläche umfasst das Zwölftausendfache.

Die Sonne besteht aus drei Viertel Wasserstoff und einem Viertel Helium. Durch die Umwandlung von Wasserstoff in Helium entstehen immense Energiemengen, die dazu führen, dass es auf ihrer Oberfläche rund 5.500 °C heiß ist. Das Licht braucht ungefähr acht Minuten von der Sonne zur Erde. Dabei muss es eine Strecke von durchschnittlich 150 Mio. Kilometern überwinden.

Gewaltiges Potenzial

Die Sonne ist der bei Weitem wichtigste Energielieferant der Erde: Von ihr hängt alles Leben auf dem Planeten ab. In nur einem Jahr liefert sie in Deutschland eine Energiemenge, die dem Achtzigfachen des Energieverbrauchs entspricht. Dies ist ein gewaltiges Potenzial, das bislang erst in Ansätzen erschlossen ist. Die Einstrahlungsintensität ist im Süden Deutschlands zwar etwas größer als im Norden, doch lässt sich die Sonnenenergie bei fachgerechter Ausführung der Technik praktisch überall sinnvoll nutzen.

Die Sonne als Taktgeber

Die Sonne liefert aber nicht nur Energie im Überfluss, sie war auch bis weit ins 19. Jahrhundert hinein die alleinige Grundlage der Zeitmessung. Und da der mittägliche Sonnenhöchststand in Görlitz 36 Minuten vor dem in Aachen ist, galten innerhalb Deutschlands auch unterschiedliche Zeiten. Dies sollte sich erst mit der Einführung des flächendeckenden Eisenbahnverkehrs ändern. Einheitliche Fahrpläne bedingten eine einheitliche Zeit. So wurde 1893 die mitteleuropäische Zeit in ganz Deutschland offiziell eingeführt.

Erneuerbare Energien – die Antwort auf die Energiefrage

Die einzige Möglichkeit, dauerhaft die Energiebedürfnisse der wachsenden Weltbevölkerung zu befriedigen und gleichzeitig die Lebensgrundlagen der Menschheit zu erhalten, ist eine vollständige Energieversorgung durch Erneuerbare Energien. Hierzu zählen die Solar- und die Windenergie, Biomasse aus nachwachsenden Rohstoffen, die Wasserkraft sowie die Umwelt- und Erdwärme, auch Geothermie genannt.

GROSSE POTENZIALE

Konkurrenzlos preiswert

Erneuerbare Energien sind unbegrenzt vorhanden und liefern konkurrenzlos **preiswerte Energie**: Die Energiequellen Sonne, Wind und Wasser stehen kostenlos zur Verfügung. Es gibt quasi keine Folgekosten durch Klimaschäden, Luftverschmutzung oder radioaktiven Müll. Zudem macht die Nutzung Erneuerbarer Energien vor Ort unabhängig von Energieimporten.

Die Herstellung, Installation und Wartung der Anlagen sowie der Bezug heimischer nachwachsender Rohstoffe tragen zur Stärkung der **regionalen Wirtschaft** bei. So bleibt die **Kaufkraft** der Bevölkerung in der eigenen Region. Auf diese Weise wird die Schaffung zahlreicher neuer **Arbeitsplätze** ermöglicht, was insbesondere den ländlichen Raum stärkt und aufwertet.

Das Sonnenlicht, das auf die Erde trifft, liefert das **2.850-Fache des weltweiten Energiebedarfs**. Neben der Sonnenenergie bieten die Windenergie und die Bioenergie die größten Potenziale weltweit.

Erneuerbare Energien sind praktisch überall verfügbar. Jeder Bürger kann durch eine Anlage am eigenen Haus oder durch eine Teilhabe an **Bürgerenergieprojekten** selbst zum Energieerzeuger werden.

An vielen Orten in Deutschland sind **Stadtwerke und kommunale Betriebe** im Begriff, die Energieversorgung wieder selbst in die Hand zu nehmen, und setzen dabei auf Erneuerbare Energien.

Die Erneuerbaren Energien genießen in der deutschen Bevölkerung ein hohes Ansehen:

i *Energie im Überfluss*

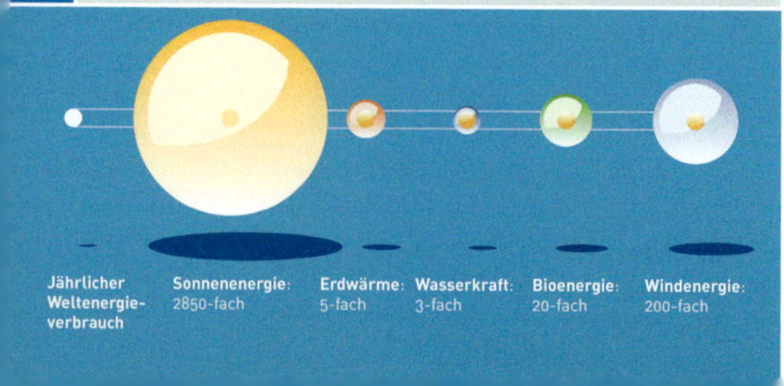

Leitstudie 2011: Klimaretter Erneuerbare Energien und Effizienz

Um den Ausstoß von Treibhausgasen von 1990 bis 2050 um mindestens 80 % zu reduzieren, muss der energiebedingte CO_2-Ausstoß um mindestens 85 % sinken. Energieeinsparung und Erneuerbare Energien im Strom-, Wärme- und Verkehrssektor sind dafür unerlässlich.

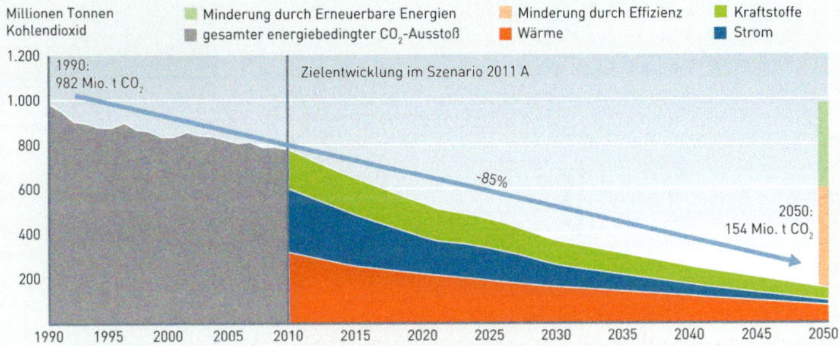

Quellen: Umweltbundesamt (1990-2010); DLR/IWES/IfnE (2010-2050) Stand: 2/2013

Nach einer jährlich im Auftrag der Agentur für Erneuerbare Energien durchgeführten repräsentativen **Meinungsumfrage** sprechen sich regelmäßig mehr als 90 % der Bundesbürger für einen raschen Ausbau der Erneuerbaren Energien aus. Und dies ist nicht erst seit 2011 der Fall, als die Reaktorkatastrophe im japanischen Fukushima die Risiken der Atomkraft einmal mehr verdeutlichte und in Deutschland die parteienübergreifenden Energiewende-Beschlüsse auslöste. Doch wünscht sich eine Mehrzahl nicht nur prinzipiell einen wachsenden Anteil Erneuerbarer Energien, sondern akzeptiert mehrheitlich auch die **Anlagen im eigenen Wohnumfeld**. Die überwiegende Mehrheit sieht Vorteile gegenüber der herkömmlichen Stromerzeugung. Die Akzeptanz ist bei Befragten, die Erneuerbare Energien bereits aus dem eigenen Wohnumfeld kennen, besonders hoch.

Zustimmung zu Stromerzeugungsanlagen

- Zur Energieerzeugung in der Nachbarschaft des eigenen Wohnorts fänden sehr gut bzw. gut ...
- Mit Vorerfahrung ist die Akzeptanz für Erneuerbare Energien höher.

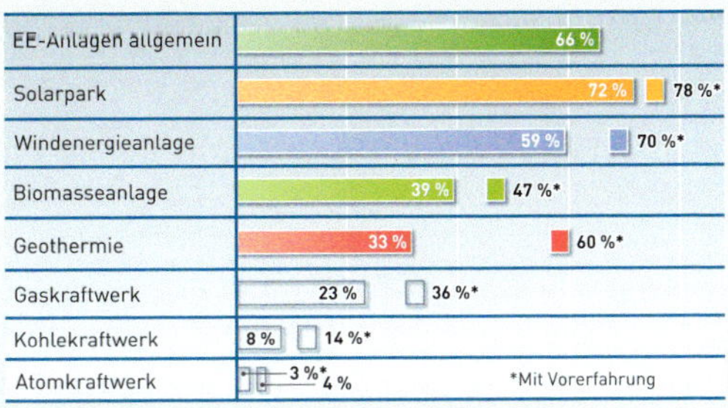

Quelle: Umfrage von TNS Emnid 2013, 1.003 Befragte, Stand: 9/2013, im Auftrag der Initiative Erneuerbare Energiewende Jetzt!

Sven Plöger

Diplom-Meteorologe und TV-Moderator

„Wir verbrennen jeden Tag weltweit 14 Milliarden Liter kostbares Erdöl – das muss geändert werden, und zwar mit konsequenter Nutzung regenerativer Energie! Und genau dieser Energiewandel ist der effektivste Beitrag, den wir zum dringend notwendigen Klimaschutz leisten können."

Erneuerbare im Energiemix immer wichtiger

Bereits heute wird ein großer Teil des Energieverbrauchs in Deutschland von Erneuerbaren Energien gedeckt. Beim **Stromverbrauch** betrug der Anteil 2013 bereits fast ein Viertel (23,4 %), zehn Jahre zuvor waren es noch 7,6 %. Ein Zehntel der **Wärmebereitstellung** kam im Jahr 2013 aus regenerativen Quellen. Und im Verkehrsbereich hielten die Erneuerbaren Energien einen Anteil von knapp 6 %. Mitte 2013 waren in Deutschland rund 23.000 **Windenergieanlagen** mit einer Gesamtleistung von mehr als 30.000 Megawatt installiert. Damit stellte die Windenergie rund 8 % des Bruttostromverbrauchs bereit. Führend bei der Nutzung der Windenergie sind Niedersachsen, Brandenburg, Schleswig-Holstein und Sachsen-Anhalt. Die letzteren beiden Bundesländer gewinnen schon heute rund die Hälfte des eigenen Strombedarfs aus Windenergie. Zur Stromversorgung in Deutschland trug im Jahr 2013 die Bioenergie 7,6 % und die Wasserkraft 3,4 % bei. Bei **Photovoltaikanlagen** ist Deutschland mit einer installierten Leistung von etwa 32.000 MW_p (2012) weltweit führend. Der erzeugte Strom entsprach einem Anteil von 4,5 % am Stromverbrauch. Der Anteil der **Geothermie** an der Stromproduktion ist mit 25 GWh noch sehr gering.

Strommix in Deutschland

2013 lieferten Erneuerbare Energien rund 23,4 % des Bruttostromverbrauchs

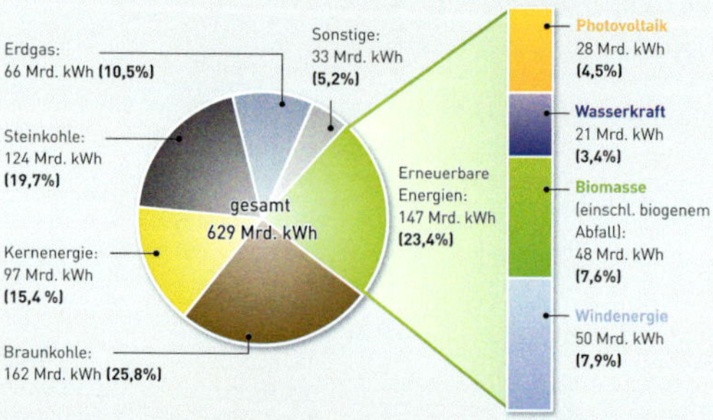

Quelle: AG Energiebilanzen · Stand: 12/2013

Chronik der Erneuerbaren Energien in Deutschland

- **ca. 4.800 v. Chr.** Ältestes Sonnenobservatorium bei Goseck, Sachsen-Anhalt.
- **ca. 1.600 v. Chr.** Auf der Himmelsscheibe von Nebra (Sachsen-Anhalt) ist die älteste konkrete Himmelsdarstellung mit Sonne, Mond und Sternen zu sehen.
- **1814** Joseph Fraunhofer erforscht im bayerischen Benediktbeuern das Sonnenspektrum. Nach ihm sind heute 59 Forschungsinstitute in Deutschland benannt, darunter das Fraunhofer-Institut für Solare Energiesysteme (ISE) in Freiburg.
- **1843** Samuel Schwabe entdeckt in Dessau (Sachsen-Anhalt) die alle 11 Jahre wiederkehrende Periode der Sonnenflecken.
- **1905** Albert Einstein erklärt den photovoltaischen Effekt und erhält dafür 1921 den Nobelpreis.
- **1919** Erste Stromproduktion aus Windenergie im Kaiser-Wilhelm-Koog (Schleswig-Holstein).
- **1941** Hermann Honnef errichtet in Bötzow (Brandenburg) ein Windenergieversuchsfeld.
- **1951** Der Windkraft-Pionier Ulrich W. Hütter entwirft seine 10-kW-Anlage mit 11 m Rotordurchmesser.
- **1958** Erste Solarzellenfertigung in Europa bei AEG in Heilbronn.
- **1982** In Mettingen (Nordrhein-Westfalen) wird die erste privat betriebene netzgekoppelte Windenergieanlage Deutschlands errichtet.
- **1987** Erster Windpark Deutschlands in Dithmarschen (Schleswig-Holstein).
- **1991** Das Stromeinspeisungsgesetz wird verabschiedet.
- **2000** Das Erneuerbare-Energien-Gesetz (EEG) wird verabschiedet.
- **2004** In Neustadt-Glewe (Mecklenburg-Vorpommern) geht das erste Geothermiekraftwerk zur Wärme- und Stromgewinnung in Betrieb.
- **2005** Einweihung des Bioenergiedorfes Jühnde in Niedersachsen.
- **2009** Der erste deutsche Hochsee-Windpark „Alpha Ventus" geht 45 km vor Borkum in Betrieb.
- **2011** Der Deutsche Bundestag verabschiedet die „Energiewende-Gesetze".
- **2012** Windenergieanlagen sind an guten Standorten wettbewerbsfähig mit konventionellen Kraftwerken.
- **2013** Erneuerbare Energien liefern rund ein Viertel des deutschen Stromverbrauchs.

Das Neue Energien Forum in der energieautarken Gemeinde Feldheim (S. 76)

Anteil und Ausbauziele Erneuerbarer Energien

Bis 2020 sollen in Deutschland die Anteile regenerativer Energien in allen Sparten weiter deutlich gesteigert werden

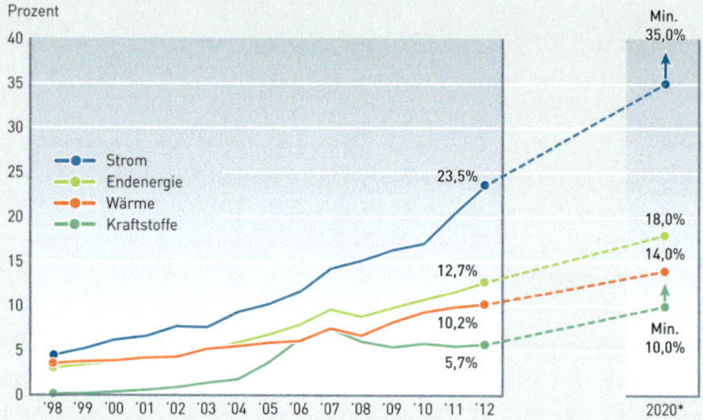

Quelle: BMU · Stand: 7/13 *energiepolitische Zielsetzung

Im **Wärmebereich** deckten Erneuerbare Energien im Jahr 2012 10,2 % des Gesamtverbrauchs. Den Hauptteil lieferte die Bioenergie mit ca. 9,2 %, gefolgt von der Erd- und Umweltwärme sowie Solarthermieanlagen mit jeweils etwa 0,5 %. Bei den **Kraftstoffen** erreichten die regenerativen Energien einen Anteil von 5,7 %. Der Anteil der Erneuerbaren Energien am **Endenergieverbrauch** lag 2012 bei 12,7%. Bis zum Jahr 2020 soll sich dieser Wert nach den Zielen der Bundesregierung auf mindestens 18 % erhöhen (siehe Grafik). Beim Stromverbrauch könnten die Erneuerbaren dann bereits einen Anteil von 40 % erreichen – im Jahr 2050 sogar mindestens 80 %.

Politische Rahmenbedingungen

Erfolgreiches Instrument

Weil Erneuerbare Energien einen hohen Nutzen für Umwelt und Gesellschaft bieten, werden sie durch die Politik gefördert. Bei der Stromerzeugung hat sich das **Erneuerbare-Energien-Gesetz (EEG)** als sehr erfolgreiches Instrument erwiesen. Das Stromeinspeisungsgesetz verpflichtete 1991 die Energiekonzerne, Strom aus Erneuerbaren Energien vorrangig in das Stromnetz aufzunehmen und nach einem festgelegten Schlüssel zu vergüten. Im Jahr 2000 wurde das Stromeinspeisungsgesetz zum EEG mit seinen bis heute gültigen Grundprinzipien weiterentwickelt: Der Ausbau Erneuerbarer Energien wird über zwanzig Jahre mittels einer **kostendeckenden Vergütung** gefördert, die sich an der eingespeisten Strommenge bemisst. Gleichzeitig genießt der ökologisch produzierte Strom

Vorrang bei der Einspeisung. Beide Prinzipien sorgen für eine hohe Investitionssicherheit, die viele Bürger dazu bewogen hat, in Erneuerbare Energien zu investieren. Gleichwohl sinkt die Vergütung für neue Anlagen jedes Jahr. Somit sind Hersteller gezwungen, immer günstigere Anlagen anzubieten. Die Erneuerbaren werden dadurch **zunehmend wettbewerbsfähig**.

> **i** *Wussten Sie schon …*
>
> …dass das deutsche Erneuerbare-Energien-Gesetz (EEG) bereits in mehr als 65 Ländern der Erde als Vorbild dient?

Mehr Nutzen als Kosten

Nachdem bislang vor allem die Menge der produzierten Kilowattstunden Ziel der Förderpolitik war, muss das Fördersystem künftig die Stetigkeit und Verlässlichkeit der Erneuerbaren Energien in den Fokus nehmen. Im Wärmebereich gibt es auf Bundes- und Länderebene verschiedene Maßnahmen, um den regenerativen Anteil zu erhöhen – etwa einen **Investitionszuschuss** für neue Heizungen, das Erneuerbare-Energien-Wärmegesetz sowie zinsgünstige Kredite. Obgleich die Investitionskosten für die Energiewende anfangs hoch sind, bringt die Förderung Erneuerbarer Energien weit größeren **volkswirtschaftlichen Nutzen**, als sie kostet: Umwelt- und Gesundheitsschäden werden vermieden, Energieimporte eingespart und die kommunale Wertschöpfung gesteigert. Auch haben Erneuerbare Energien eine preissenkende Wirkung an der Strombörse **(Merit-Order-Effekt)**, wovon insbesondere Industriebetriebe profitieren.

i *Ökonomische Effekte des Ausbaus Erneuerbarer Energien*

Erneuerbare Energien bewirken verschiedene Effekte, die drei Hauptgruppen zuzuordnen sind:

Verteilungseffekte zeigen, welche Gruppen durch die Förderung Erneuerbarer Energien be- oder entlastet werden.

Makroökonomische Effekte weisen gesamtwirtschaftliche oder sektorale Wachstumseffekte aus.

Systemanalytische Effekte umfassen direkte und indirekte Kosten- und Nutzenwirkungen des Ausbaus Erneuerbarer Energien.

weitere Effekte

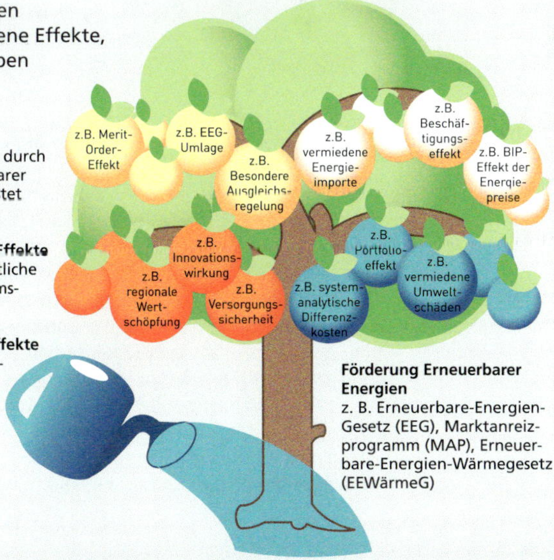

Förderung Erneuerbarer Energien
z. B. Erneuerbare-Energien-Gesetz (EEG), Marktanreizprogramm (MAP), Erneuerbare-Energien-Wärmegesetz (EEWärmeG)

Anwendungsmöglichkeiten

Breites Spektrum

Der Verbraucher hat im Wärme- und Strombereich heute schon eine Vielzahl von Möglichkeiten, Erneuerbare Energien zu nutzen. Der Umstieg im Wärmebereich gelingt mit der eigenen Solarwärmeanlage, kombiniert z. B. mit einer Holzpelletheizung oder Wärmepumpe. Wer keine Fläche für eine eigene Solar- oder Windenergieanlage hat, kann sich durch den Bezug von Ökostrom sauberen Strom ins Haus holen. Dazu muss man nur ein Formular ausfüllen – der neue **Ökostromanbieter** übernimmt i. d. R. alle weiteren Formalitäten. Hierbei sollte man darauf achten, dass es sich um ein Unternehmen handelt, das auch tatsächlich in neue Anlagen investiert. Wer sichergehen will, kann sich am **„Grüner Strom Label"** (www.gruenerstromlabel.de) oder am **„ok-power Label"** (www.ok-power.de) orientieren.

Anteile sogenannter Bürgeranlagen oder **Energiegenossenschaften** kann man schon mit kleineren Geldbeträgen erwerben. Viele Investoren finanzieren dabei gemeinsam den Bau eines Windenergie-, Solar- oder Biomasseprojektes und sind an den Gewinnen der Anlage beteiligt.

Die beste Energie ist jedoch jene, die gar nicht benötigt wird. Die wichtigsten Maßnahmen zur **Senkung des Energiebedarfs** im Haushalt sind daher das Erfassen des eigenen Energieverbrauchs und das Aufdecken und Beheben von Schwachstellen.

Energiekosten

Monatliche Energiekosten eines Drei-Personen-Musterhaushalts im Jahr 2013

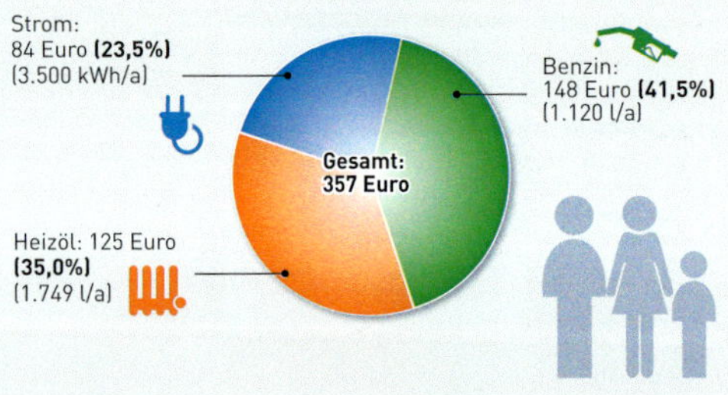

Quelle: AEE, eigene Berechnungen · Stand: 10/2013

Innovationsentwicklung

Steigende Effizienz

Wie effizient Erneuerbare Energien genutzt werden können, hängt entscheidend von der **technologischen Entwicklung** ab. In den vergangenen Jahren wurde auf diesem Gebiet viel erreicht. Bestes Beispiel ist die **Windenergie** an Land („onshore"), die eine rasante Entwicklung genommen hat: Leistete eine neue Windenergieanlage in Deutschland im Jahr 1990 noch durchschnittlich 160 Kilowatt, so waren es im Jahr 2012 bereits 2,5 Megawatt – das entspricht einer

Leistungsentwicklung Windenergie

Vervielfachung der Anlagenleistung seit 1990

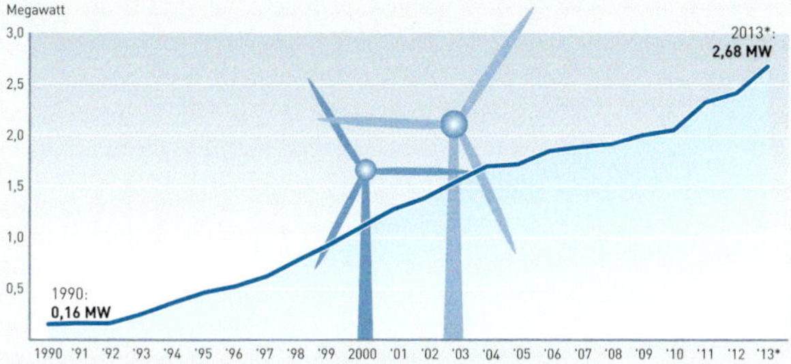

*Der Wert für das Jahr 2013 bezieht sich nur auf die im ersten Halbjahr installierten Anlagen.

Quelle: BWE / Deutsche WindGuard / DEWI · Stand: 7/13

Steigerung um den Faktor 15. Inzwischen werden einzelne Windenergieanlagen errichtet, die 7,5 MW Leistung besitzen.

Neue Materialien und andere Oberflächenstrukturen ermöglichen es der **Photovoltaiktechnik**, das einfallende Sonnenlicht immer effektiver zu nutzen. Gleichzeitig sind die Preise für Photovoltaikanlagen in jüngster Vergangenheit so rapide gesunken, dass mittlerweile der Strom vom eigenen Dach deutliche Kostenvorteile gegenüber dem Strom aus der Steckdose hat. **Sinkende Preise**

Die Energieerzeugung aus **Biomasse** wird durch optimierte Anlagenkonzepte und neue Betriebsabläufe ebenfalls immer effizienter. Die Landwirte legen beim Anbau der Biomasse zunehmend Wert auf eine sinnvolle Mischung aus verschiedenen Energiepflanzen, pflanzlichen Reststoffen und Gülle oder Mist. Positiv ist die zunehmende Verwendung pflanzlicher Reststoffe, deren Einsatz in keiner Flächenkonkurrenz zur Nahrungsmittelerzeugung steht.

Bei der **Geothermie** sorgen die Entwicklung und Verbesserung von Explorations- und Bohrtechniken für eine gezieltere Erschließung von Erdwärmereservoiren.

Eine steigende Leistungsfähigkeit von Anlagen zur Nutzung Erneuerbarer Energien führt letztlich zu **sinkenden Kosten**. Auf diese Weise werden Erneuerbare Energien für den Endverbraucher immer erschwinglicher.

Kostenentwicklung Photovoltaik

Seit 1988 fast zehnmal günstiger geworden

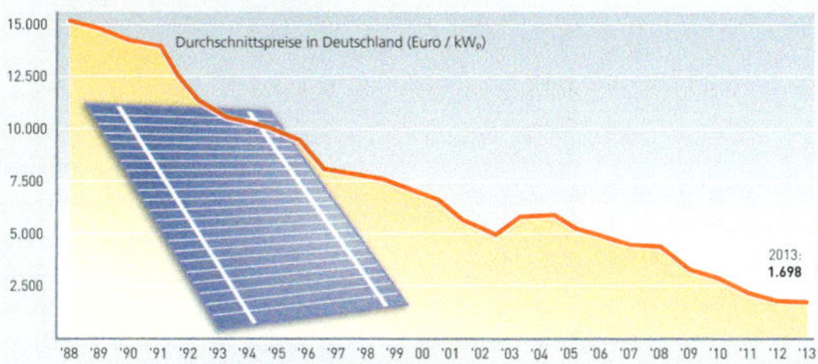

Quelle: DGS, BSW-Solar, EuPD Research · Stand: 11/2013

Erfolgsgeschichte für die Wirtschaft

Viele Neuinvestitionen

Die deutsche Wirtschaft profitiert vom **Wachstum** der Erneuerbaren Energien: Selbst während der Finanzkrise im Jahr 2009 verzeichnete die Branche **Investitionen** in neue Anlagen in Höhe von 20,2 Milliarden Euro. Allein 12 Milliarden Euro flossen in den Bereich der Solarenergie. Die Branche erwartet, dass bis zum Jahr 2020 rund 235 Milliarden Euro in Erneuerbare Energien investiert werden. Durch den Betrieb der Anlagen wurde 2012 ein **Inlandsumsatz** von rund 19,5 Milliarden Euro erzielt. Aber auch weltweit sind die Produkte und Dienstleistungen gefragt: Bis zum Jahr 2020 strebt die deutsche Erneuerbare-Energien-Branche eine durchschnittliche **Exportquote** von 80 Prozent an. Insgesamt 80 Milliarden Euro jährlich will die Branche dann mit der Ausfuhr von Anlagen und Komponenten erwirtschaften. Erneuerbare Energien haben sich zu einem bedeutenden **Jobmotor** entwickelt: 2012 waren im Bereich der Erneuerbaren Energien 378.000 Menschen beschäftigt, für das Jahr 2020 erwartet die Branche mindestens eine halbe Million Arbeitsplätze.

i *Arbeitsplätze*

Entwicklung im Bereich Erneuerbare Energien: Die Zahl der Beschäftigten in der Branche weist nach oben

Quellen: BMU/AGEE-Stat, DLR/DIW/ZSW/GWS/ Prognos, UBA, BEE; Stand: 3/2013

Aussichtsreiche Jobentwicklung

Unterwegs mit Erneuerbaren Energien

Alle Aspekte modernen Reisens können heute schon unter Einbeziehung Erneuerbarer Energien abgedeckt werden. Von der Verkehrsmittelwahl bis zum Kunst- und Kulturerlebnis, vom informativen Bildungsangebot bis zum kulinarischen Genuss einer regionaltypischen Küche reicht das Themenspektrum.

Mobilität

Umweltfreundlich unterwegs

Entspannen von der ersten Minute an – warum sollte man den Urlaub mit Stress auf der Autobahn beginnen? Bahnfahren ist zudem gut für die Umwelt: Mit dem zusätzlichen Einkauf von Ökostrom erzeugen die Züge im Fernverkehr der DB im Schnitt knapp 90 % weniger CO_2 im Vergleich zum Auto. Ein Grund mehr, wieder einmal mit dem Zug die Welt zu entdecken. An vielen Bahnhöfen kann man Fahrräder ausleihen – oft schon mit unterstützendem Elektroantrieb.
Viele Touristinfos haben auch moderne **Pedelecs** (Fahrräder mit Elektroantrieb) im Angebot. Im Kommen sind auch Elektromopeds, **Segways** und **Elektro-Rikschas**. Verschiedene Urlaubsregionen wie der Schwarzwald oder das Allgäu haben Angebote im Programm, die Mobilitätsleistungen, von der Bahnanreise bis zur Nutzung von Elektroautos, E-Bikes oder Bus und Bahn vor Ort, beinhalten. Erste Großstädte wie Wuppertal greifen diesen Trend ebenfalls auf.

i *Solarboote*

Solarboot fahren kann man z. B. in Berlin, Hamburg, Hannover, Heidelberg, Kassel, Nordhorn, Ulm sowie auf dem Bodensee.

Elektrisch mobil unterwegs

Es kommen auch immer mehr reine **Elektroautos** auf den Markt. Sie haben ihren festen Platz als Bestandteil der Energiewende – vorausgesetzt, sie werden mit Strom aus erneuerbaren Quellen betrieben, der Voraussetzung für positive Effekte für die Umwelt.

Alternativen zu herkömmlichen Autos mit Benzin- oder Dieselmotoren sind auch Fahrzeuge, die **flüssige Biokraftstoffe** tanken, z. B. BioLNG (verflüssigtes Biomethan), Bioethanol E85, Biodiesel B100, Pflanzenöl, oder die Gasantriebe nutzen, z. B. Biomethan (BioCNG). Informationen zu **Biogastankstellen** gibt es unter www.biogastankstelle.de.

Elektromobilität

Fahrzeuge mit **Hybridantrieb**, die neben dem Verbrennungsmotor einen zusätzlichen Elektromotor haben, sind mit einem durchschnittlichen Benzinverbrauch von unter 5 Litern/100 km ebenso eine klimafreundliche Alternative.

Einige Hoffnungen ruhen auf Fahrzeugen mit **Wasserstoff-Verbrennungsmotoren** bzw. Brennstoffzellenfahrzeugen, die regenerativen Wasserstoff aus Solar- oder Windstrom einsetzen.

Mobil sein ohne Auto ermöglichen schon heute **alternative Mobilitätskonzepte** nach dem Motto „Mobilität nach Bedarf" oder „nutzen statt besitzen". Dazu zählen von mehreren Personen genutzte Autos im **Carsharing**. Solche „öffentlichen Autos" haben Anbieter wie Car2Go, DriveNow, Flinkster oder Stadtmobil im Programm – teilweise werden hier auch schon Elektroautos eingesetzt. „Multimodale Angebote" ermöglichen die Kombination mehrerer Verkehrsmittel, etwa mittels Zeitkarten im öffentlichen Nahverkehr, die intermodale Dienste und vernetzte Mobilität bieten. In verschiedenen Städten (z. B. Hamburg, Berlin, Stuttgart und Offenburg) entstehen derzeit Mobilitätskarten, die Zugang zu allen Mobilitätssystemen der Stadt schaffen. Für diese neuen Angebote spielen individualisierbare Smartphone-Apps eine wichtige Rolle.

i *Netzintegration Erneuerbarer Energien*

Damit die der Umstieg auf 100 % Erneuerbare Energien gelingt, ist es nötig, die natürlich bedingte schwankende Erzeugung aus Sonne und Wind auf die Struktur des Energieverbrauchs abzustimmen. **Intelligente Zähler** und Steuerungen, der Netzausbau, aber ebenso **Strom- und Wärmespeicher** gehören hier dazu. Auch Elektroautos könnten bei Windüberschuss zeitweise Energie aufnehmen und später wieder ans Netz abgeben. Diese sogenannte **„Netzintegration"** Erneuerbarer Energien ist eine große Herausforderung und bietet zugleich auch viele Chancen für eine Modernisierung der Infrastruktur.

Serviceinformationen zur Elektromobilität

Serviceinformationen, etwa zum Laden, erhält man bei Park & Charge (www.park-charge.de). Die Ladesäulen deutschlandweit und in ganz Europa sind in Plattformen wie www.lemnet.org, www.e-tankstellen-finder.com, www.plugfinder.de, www.stromtankstellen.eu oder www.chargemap.com oder www.smarttanken.de verzeichnet. Weitere Informationen bieten Verbände wie der Bundesverband Solare Mobilität e. V. (www.bsm-ev.de), der Bundesverband Elektromobilität (www.bem-ev.de) und der Bundesverband Regenerative Mobilität e. V. (www.brm-ev.de).

Auch zu Wasser bieten Erneuerbare Energien Vorteile: An vielen Orten Deutschlands kann man zudem mit **Solarbooten** die Natur genießen – und das ganz leise und umweltfreundlich (s. S. 23).

Information

Besuch im Windpark von Dardesheim (Nr. 73)

Kommunen und Regionen, die sich im besonderen Maße für Erneuerbare Energien einsetzen, bieten Interessierten vielerorts die Möglichkeit, sich über die installierten Anlagen und das zugrunde liegende Energiekonzept ausführlich zu informieren. Beste Beispiele hierfür sind die **Solarregion Oberrhein** (www.solarregion.net) und die **Insel Pellworm** (Reiseziel Nr. 47, www.pellworm.de), wo bereits beachtliche Mengen des Energiebedarfs regenerativ erzeugt werden. Einen schnellen Zugang zum Thema Erneuerbare Energien bieten auch **Wind- oder Solarlehrpfade**: Auf einer überschaubaren Strecke werden hier Zusammenhänge erläutert und die vor Ort errichteten Anlagen anschaulich erklärt. Zu einem längeren Besuch laden **Solarzentren** ein: Sie bieten ein breites Angebot zum Thema Erneuerbare Energien.

Kulinarisches

In vielen **Restaurants** kann man heute schon – im Schatten von Solarzellen oder Solarkollektoren – nach Herzenslust schlemmen. Oft

Café Mezzo: Einkehren bei innovativen Gastgebern (Nr. 31)

stehen bei der Speisekarte ein paar Informationen zur innovativen Technik im Haus. Oder an der Wand leuchtet eine Digitalanzeige mit aktuellen Angaben zur Energieernte. Den kleineren Appetit bedienen **Solar-Cafés**, wie etwa das Café Mezzo in Hannover.

Regionale Küche

Viele Wirte, die Erneuerbare Energien einsetzen, setzen auch bei ihrem kulinarischen Angebot auf Nachhaltigkeit. Oft wird eine saisonale Küche mit **frischen Produkten** aus der Region angeboten. Wie steht es so schön auf der Speisekarte eines Hotels in der hessischen Rhön (Nr. 87): „Wer Bier aus der Region trinkt, verringert die Staus auf den Autobahnen" – gibt es eine angenehmere Verkehrspolitik?

Kunst und Kultur

Sonnenobservatorien und Klöster

In Kunst und Kultur spielt die Sonne seit alters her eine zentrale Rolle. Frühe Kultplätze, etwa Sonnenobservatorien, nutzten unsere Vorfahren zur Bestimmung der Zeitpunkte für Aussaat und Ernte. Das mit fast 7.000 Jahren älteste seiner Art in Europa ist wohl das **Observatorium von Goseck** in Sachsen-Anhalt (www.sonnen observatorium-goseck.info).

Vorreiter bei der Nutzung Erneuerbarer Energien – Marienstatt im Westerwald (Nr. 125)

Auch nahezu alle **Kirchenbauten** bezogen die Sonne in ihr Gestaltungskonzept mit ein, wie beispielsweise bei den Glasfenstern der gotischen Kirchen, in denen das Sonnenlicht die Bildgeschichten erst zum Sprechen bringt. Heutzutage gehören **Klöster** oft zu den Vorreitern bei der Nutzung Erneuerbarer Energien. Beispiele dafür finden sich z. B. in Ostritz-St. Marienthal in Sachsen (Nr. 70), Marienstatt in Rheinland-Pfalz sowie Plankstetten (Nr. 185), Münsterschwarzach (Nr. 170) und Benediktbeuern in Bayern (Nr. 167).

Kunst und Energie

Moderne Kunst- und Kultureinrichtungen wie **Kunsthallen** und **Museen** nutzen Erneuerbare Energien zur Versorgung oder als gestalterisches Element. In der bildenden Kunst haben Künstler damit begonnen, Skulpturen zu schaffen, die mit Solarstrom beleuchtet oder in Bewegung gesetzt werden (Nr. 160). Bei einigen **Kunst-Windparks** sind Türme und Rotoren farblich gestaltet und dadurch zum echten Hingucker geworden (S. 52).

Green Music

Bis ins Nachtleben hinein wirken Erneuerbare Energien mit: **Veranstaltungszentren** erzeugen immer häufiger Solarstrom – wenn abends die Gäste die Tanzfläche bevölkern, kann man oftmals an einer Anzeigetafel ablesen, was tagsüber auf dem Dach geleistet wurde. In Zukunft werden auch etliche **Open-Air-Festivals** (Nr. 76) mit Sonne, Wind & Co. versorgt – denn immer mehr Besucher legen Wert darauf (www.greenmusicinitiative.de).

Sport und Fitness

Solarbäder

Die Erneuerbaren Energien am eigenen Körper erfahren – das geht am besten bei Sport und Fitness. In zahlreichen **Freibädern** wird das Wasser für Becken und Duschen mithilfe von Sonnenkollektoren

Veranstaltungskalender Erneuerbare Energien

Über das Jahr tragen zahlreiche Aktionstage zur Popularität Erneuerbarer Energien bei.
Hervorzuheben ist der **„Tag der Erneuerbaren Energien"**: Bundesweit bieten Haus- und Grundeigentümer Führungen zu ihren regenerativen Anlagen an. Organisiert wird diese Veranstaltung von der sächsischen Stadt Oederan: www.energietag.de.
Während der **„Woche der Sonne"** Anfang Mai finden in ganz Deutschland viele Tausend Veranstaltungen zu Themen der Erneuerbaren Energien statt – mit einem Fokus auf Solarenergie und Pellets: Von der solaren Radtour über Messen, Vortragsveranstaltungen bis hin zu Straßenfesten kann man an den Veranstaltungsorten spannende, interessante und energiegeladene Dinge erleben.
www.woche-der-sonne.de

APRIL

- **Münchener Solartage,** www.muenchner-energiespartage.de
- **Tag der Erneuerbaren Energien** (bundesweit), www.energietag.de

MAI

- **Woche der Sonne** (bundesweit), www.woche-der-sonne.de
- **Deutscher Mühlentag** (Pfingstmontag), www.muehlen-dgm-ev.de
- **European Solar Days,** www.solardays.eu

JUNI

- **Global Wind Day,** weltweites Happening rund um die Windenergie, www.globalwindday.org

OKTOBER

- **Biomasse-Tage der Regionen,** www.biomasse-tage.org

NOVEMBER

- **Tag des Passivhauses,** www.ig-passivhaus.de

Tagsüber punktet hier die Sonne – Solarstadion in Mainz

Solarstadien in Deutschland – die Top-7-PV-Anlagen

- **Fritz-Walter-Stadion,** 1. FC Kaiserslautern **1,38 MW_p** (2010)
- **Weserstadion,** SV Werder Bremen **1,2 MW_p** (2010)
- **Signal Iduna Park,** Borussia Dortmund **924 kW_p** (2012)
- **Coface-Arena,** FSV Mainz 05 **848 kW_p** (2010)
- **DKB Arena,** FC Hansa Rostock **700 kW_p** (2010)
- **Benteler-Arena,** SC Paderborn **597 kW_p** (2012)
- **ERDGAS Sportpark,** Hallescher FC **529 kW_p** (2011)

erwärmt. Für Freibäder ist dies eine besonders clevere Lösung: Wenn Badegäste kommen, ist meist schönes Wetter und es steht ausreichend Sonnenenergie zur Verfügung. In **Thermalbädern** wird alternativ die Erdwärme genutzt. Viele Sportarten sind ohne Energie aus der Natur nicht auszuüben: Beim **Segelflug** hilft die durch Sonne erzeugte Thermik, um lautlos in die Höhe aufzusteigen. Der Wind ist beim **Segeln** und **Surfen** beständiger Freizeitpartner. Besonders rasant wirken die **Kiter**, die mit ihrem Drachen über Wasser, Sand oder Schnee preschen. Eine Hochburg des Buggykitens ist St. Peter-Ording, da an der Nordsee der Wind besonders regelmäßig die notwendige Stärke erreicht.

Buggykiter bei St. Peter-Ording

Auch König **Fußball** profitiert von Erneuerbaren Energien: Auf vielen Stadien wird inzwischen Solarstrom erzeugt. Die Stadien und ihre Anlagen können oft auch jenseits der Spiele besichtigt werden. Der Bundesligist Mainz 05 ist sogar auf dem Weg, ein **CO_2-neutraler Fußballverein** zu werden (Nr. 92).

Nützliches für unterwegs

Mobile Ladestationen

Sehr nützlich und immer verbreiteter sind mobile Geräte mit Solarpanels. Unterwegs gibt es nicht immer eine Steckdose zum Aufladen von Handy, Navigationsgerät, Radio oder Taschenlampe. Hier leisten solarbetriebene Geräte großartige Dienste. Mit externen **solaren Ladegeräten** sind kleine Kraftwerke für unterwegs erhältlich. Es gibt sie in kleinen Gehäusen und als biegsame oder faltbare Solarmodule – nach Gebrauch einfach zusammenzurollen.

Solar auf dem Dach gibt dem Urlaub das gewisse Etwas.

Übernachten

Viele Hoteliers, die heute schon auf Erneuerbare Energien setzen, bieten auch sonst etwas mehr: regionaltypisches Essen in Bioqualität; ein Haus, gebaut aus Holz, Stein oder Lehm mit einem unvergleichlichen Wohnklima (Nr 59). Auch **Gästehäuser** und **Jugendherbergen** (Nr. 17) werden immer öfter mit Erneuerbaren Energien versorgt. Wer einen längeren Urlaub plant, der kann sich sogar in einer **Ferienhaussiedlung**

! BAEDEKER TIPP

Nachhaltig reisen

Viabono ist DIE Auszeichnung für umwelt- und klimafreundliches Reisen in Deutschland. Derzeit sind ca. 300 nachhaltig agierende Unternehmen nach den strengen, auf Kennzahlen basierenden Kriterien von Viabono zertifiziert. Mehr unter www.viabono.de und www.klima-hotels.de.

> **! BAEDEKER TIPP**
>
> *Sleep Green Hotels*
>
> Wer umweltfreundlich übernachten und dabei in keiner Weise auf Komfort verzichten möchte, ist bei den SLEEP GREEN HOTELS genau richtig. Ob in Hamburg oder München, in Salzburg oder Wien – die SLEEP GREEN HOTELS sind ein Verbund von individuellen Hotels, die genau diesen Anspruch erfüllen. Jedes der zwölf Häuser verfolgt einen individuellen Ansatz und eines haben alle gemeinsam: den sensiblen und schonenden Umgang mit wertvollen und natürlichen Ressourcen. www.sleepgreenhotels.com

einmieten, die erneuerbar versorgt wird. In den Alpen werden **entlegene Wanderhütten** (Nr. 169) mit Erneuerbaren Energien autark versorgt. Hier zeigen sich in besonderer Weise die Möglichkeiten und die wirtschaftlichen Vorteile, die eine dezentrale Energieversorgung bietet, wenn der Energiebedarf abseits großer Netze anfällt.

Wo auch immer man sein müdes Haupt bettet – vielerorts kann man beim Wohnen auf Zeit im Urlaub oder auf Geschäftsreise neue Bau- und Wohnformen kennenlernen. So wird der Aufenthalt in der Ferne nebenbei zur Inspirationsquelle für eigene Projekte zu Hause.

Serviceangebot der Agentur für Erneuerbare Energien

Unendlich viel Energie

Die **Agentur für Erneuerbare Energien (AEE)** hat die Aufgabe, die vielfältigen Vorteile einer nachhaltigen Energieversorgung auf Basis Erneuerbarer Energien zu kommunizieren. Diese sind vor allem: Versorgungssicherheit, Innovationen, Beschäftigungszunahme, Exportpotenzial, dauerhaft kostengünstige Energieversorgung, Klimaschutz und Ressourcenschonung.

Die AEE arbeitet **bundesweit partei- und gesellschaftsübergreifend** und wird dabei getragen von den Verbänden und einer Vielzahl an Betrieben aus der Branche der Erneuerbaren Energien. Zudem fördern die Bundesministerien für Wirtschaft und Energie sowie für Landwirtschaft die Arbeit der AEE.

Eine Fülle an Dokumenten und Informationen rund um

Erneuerbare Energien hält der Internetauftritt der Agentur für Erneuerbare Energien bereit: **www.unendlich-viel-energie.de**.
Hausbesitzer, die umsteigen möchten auf eine mit Erneuerbaren Energien versorgte Heizungsanlage, finden ein reichhaltiges Informationsangebot auf der Internetseite **www.waermewechsel.de**. Dort gibt es u. a. einen Heizungskonfigurator, einen Heizkostenvergleichsrechner und einen Förderratgeber.

MAIRDUMONT und Klimaschutz

Fremde Länder entdecken, Leute kennenlernen, andere Kulturen und Bräuche verstehen – das alles ist Reisen.
Damit das größte Kapital vor Ort – die reizvolle Natur – nicht zerstört wird, will MAIRDUMONT als führendes Medienhaus für touristische Informationen das Interesse an umwelt- und sozialverträglichem Tourismus wecken. Als Marktführer in Deutschland und Europa erreicht MAIRDUMONT mehr als 15 Mio. Reisende pro Jahr.
In allen Reiseführerreihen aus dem Hause MAIRDUMONT wird verstärkt das Thema umweltfreundliches Reisen in den Fokus gerückt mit Berichten zur Natur, zu Umwelt- und Klimaschutz vor Ort, aber auch durch ganz konkrete Tipps für den Reisenden zu umweltfreundlichen Unterkünften oder Naturschutzprojekten. In allen Reihen gibt es feste Rubriken zu den Themen Ökologie und Umweltschutz. Umweltprobleme vor Ort werden benannt und konkrete Empfehlungen gegeben.
Seit 2009 besteht eine enge Zusammenarbeit mit atmosfair (www.atmosfair.de). Dies ist der führende Anbieter für CO_2-Kompensation. Alle Geschäftsflüge von MAIRDUMONT werden hierüber kompensiert. MAIRDUMONT ruft zudem in allen Reiseführern auf, die durch Flugreisen entstandenen CO_2-Emissionen auszugleichen. Bei der Herstellung der Reiseführer wird auf eine ständige Optimierung umweltfreundlicher Produktion geachtet. Bei den Baedeker-Reiseführern findet eine sukzessive Umstellung auf Papier statt, das aus Holz aus vorbildlich bewirtschafteten Wäldern hergestellt wird (FSC = Forest Stewardship Council).

nachdenken • klimabewusst reisen

atmosfair

REISEZIELE VON A BIS Z

Vom Offshore-Windpark an der Küste bis zur regenerativ versorgten Wanderhütte im Karwendel – in Deutschland gibt es in Sachen Erneuerbare Energie unglaublich viel zu entdecken.

360 Spiegel lenken Tageslicht in den Plenarsaal des Deutschen Bundestages.

DER NORDEN

Der Norden Deutschlands steht ganz im Zeichen der Windkraft. Neben den zahlreichen Anlagen an Land werden nun auch verstärkt Offshore-Windparks in Nord- und Ostsee installiert.

BREMEN

Die Hansestadt Bremen bildet zusammen mit Bremerhaven das kleinste Bundesland. Dank der 77 Windenergieanlagen auf Landesgebiet mit einer Gesamtleistung von rund 150 MW belegt es Platz 1 im Ländervergleich in Bezug auf die installierte Leistung pro Fläche (355,4 kW/km²).

Mühlentradition

Die Nutzung des Windes hat Tradition in der Stadt am Weserstrand: Historische Windmühlen, wie die berühmte **„Kaffeemühle am Wall"** (Am Wall 212, www.muehle-bremen.de), bereichern das Stadtbild. Doch auch für die Bedeutung der Solarenergie stehen einige spektakuläre Beispiele Pate, so das neue **Weser-Stadion** mit seiner großen Solaranlage auf Dach und Fassade (Nr. 5) und die **Solarsiedlung „Auf dem Kruge"** im Norden der City. Die Solarstromanlagen erzeugen im Jahr rund 180.000 kWh Strom – dies entspricht dem Verbrauch von über 50 Haushalten. Auch die Weser leistet per Wasserkraft ihren Beitrag zum nachhaltigen Energiemix: Bei Langwedel im Kreis Verden ist seit 1958 ein Laufwasserkraftwerk mit 7,2 MW Leistung in Betrieb. Seit Ende 2011 gibt es das **Weserkraftwerk Hastedt** am Weserwehr, das mit einer Leistung von 10 MW Strom für 17.000 Haushalte liefert.

! BAEDEKER TIPP

„Energie erfahren" in Bremen

Auf sechs ausgearbeiteten Energierouten können Sie Bremens grüne Seite mit dem Fahrrad kennenlernen. Pfiffig: Ein Joulemeter gibt den Energieverbrauch pro Strecke an. Download dieses Führers der Klimaschutzagentur Energiekonsens über www.energiekonsens.de.

1 Café Ambiente

183/E5

Wer eine Auszeit braucht, kann hier wunderbar Wurzeln schlagen: Im Café Ambiente am Weserufer lässt sich unter Solarzellen der fantastische Blick auf Bremens Lebensader, die Weser, genießen. Neben-

Hier gibt es Kaffee, Cocktails, und ausgesuchte Weine – das Café Ambiente

bei ist der Rundbau am Osterdeich beliebter **Treffpunkt der Literaturszene der Hansestadt**. Im Wintergartendach ist eine 140 m² große teiltransparente Solarstromanlage eingebaut, die noch viele Sonnenstrahlen für einen lichtdurchfluteten Innenraum durchlässt. Der aktuelle Stromertrag ist auf einer Anzeigetafel im Eingangsbereich abzulesen.

Teiltransparente Solarstromanlage

ⓘ Osterdeich 69 a, Tel. 0421/4989508, www.cafe-ambiente.de · **ÖPNV:** Buslinie 10, Haltestelle „St.-Jürgen-Straße".

Bremen

❷ Klimahaus® Bremerhaven 8° Ost

183/E4

Klimareise um die Welt

Einmal um die Welt an einem Tag: Im Klimahaus in den **Bremerhavener Havenwelten** gehen die Besucher auf eine spektakuläre Reise um die Erde – immer entlang des 8. Längengrads. Das Klimahaus macht die verschiedenen **Klimazonen der Erde** hautnah erlebbar, von der trockenen Hitze der Wüste im Niger über das Packeis in der Antarktis bis zum tropischen Klima auf der Südseeinsel Samoa. Die **Wissens- und Erlebniswelt** entführt die Besucher mit aufwendig inszenierten Landschaften, Klängen und Gerüchen in die Vielfalt unseres Planeten. Auf insgesamt 11.500 m² Ausstellungsfläche vermittelt das Klimahaus auf spannende Weise wissenschaftlich fundierte Daten zu Klima, Klimaschutz sowie Wetter und gibt praktische Tipps zum Klimaschutz im Alltag.

Klimahaus® Bremerhaven 8° Ost – einmal rund um die Erde wandern

Das Energiekonzept des Gebäudes selbst kombiniert **modernste Umwelttechnik:** Erdwärmenutzung, Kraft-Wärme-Kälte-Kopplung und eine ausgeklügelte Belüftung sorgen dafür, dass der Betrieb des Klimahauses keine Treibhausgas-Emissionen verursacht. Im Eingangsbereich ist eine transparente Solarstromanlage in die Architektur integriert.

ⓘ Am Längengrad 8, Tel. 0471/9020300, www.klimahaus-bremerhaven.de · **ÖPNV:** Haltestelle „Havenwelten".

❸ Kulturzentrum Lagerhaus

183/E5

Lagerhaus mit neuer Energie

Das Ökobüro (www.oekobuero-bremen.de) im Kulturzentrum Lagerhaus bringt zweimonatlich den Bremer Veranstaltungskalender „Bremer Umwelt aktuell" (www.bremerumwelt.de) heraus. Das Kulturzentrum ist auch ein angesagter Veranstaltungsort. Seit 2012 sorgt

ein Blockheizkraftwerk für die nötige umweltfreundliche Power.
ⓘ Kulturzentrum Lagerhaus Bremen, Schildstr. 12–19, Tel. 0421/701000-10, www.kulturzentrum-lagerhaus.de · **ÖPNV:** Straßenbahn-Haltestelle „Sielwall".

BAEDEKER TIPP !

4 Solare Radstation

183/E5

Die solar versorgte Radstation des ADFC Bremen am Hauptbahnhof ist die perfekte Anlaufstation für Radler – mit Fahrradverleih, Fahrradparkhaus und Infozentrum rund ums Rad. ⓘ Bahnhofsplatz 14 a, 28195 Bremen, Tel. 0421/5177882-0, www.adfc-bremen.de · **ÖPNV:** Bremen Hbf.

5 Weser-Stadion

183/E5

Zukunftsweisende Energieversorgung

Im Weser-Stadion wird erfolgreich der **Doppelpass mit der Umwelt** gespielt: In einem europaweit einzigartigen Projekt hat der Stadionpartner EWE in enger Zusammenarbeit mit der Bremer Weser-Stadion GmbH und Werder Bremen eine umweltschonende und zukunftsweisende Energieversorgung für das Weser-Stadion konzipiert. Die Dach- und Fassadenflächen des Stadions besitzen Photovoltaikanlagen (1,20 MW_p), die jährlich rund 840.000 kWh Strom erzeugen. **200.000 Solarzellen** bedecken insgesamt eine Fläche von zwei Fußballfeldern, der Ertrag entspricht dem Jahresverbrauch von 200 Haushalten. Die Elemente an der Süd-, Ost- und Westfassade sind halbtransparent. Dadurch werden die Treppenaufgänge zu den Tribünen mit Tageslicht versorgt und zugleich abgeschattet.
ⓘ Franz-Böhmert-Str., www.weserstadion.de · **ÖPNV:** Linie 10, Haltestelle „St.-Jürgen-Straße".

Das Weser-Stadion begeistert nicht nur Fußballfreunde – auch seine Solaranlagen an der Fassade und auf dem Dach sind echte Hingucker.

Tor zur Welt – und zur Sonne

Die Hamburger genießen im Jahr im Durchschnitt mehr Sonnenstunden als die Bayern am Tegernsee. Alle Hamburger Freibäder werden schon heute solar beheizt und auch solare Mobilität ist bereits Realität.

Am Jungfernstieg ankert das 6 **Solarboot „Alstersonne"** (Tel. 040/ 3574240, www.alstertouristik.de). Alle eineinhalb Stunden startet das futuristische Schiff nahezu geräuschlos zur Rundfahrt auf Binnen- und Außenalster.

Das Solarboot „Alstersonne"

Die Hansestadt besitzt neben ihren solaren Qualitäten auch ein bedeutendes Windenergiepotenzial von 300 MW, von dem erst etwa ein Sechstel genutzt wird (53 MW; Mitte 2013). Schon 1994 wurde auf der ehemaligen Deponie Georgswerder (s. u.) eine Windenergieanlage errichtet. Inzwischen drehen sich auch im Hafen mehrere Anlagen. Einen Ausflug in die Vergangenheit der Windkraftnutzung erlaubt die Riepenburger Windmühle im Stadtteil Kirchwerder – hier gibt es Kaffee und Kuchen statt Energie und Megawatt.

7 IBA-Energie-Projekte

183/G4

Die **Internationale Bauausstellung IBA Hamburg** in Wilhelmsburg hat mehrere innovative Energieprojekte hervorgebracht: Ein Kriegsbauwerk auf der Elbinsel wurde zum zukunftsweisenden **Energiebunker** (Neuhöfer Str. 7, www.vju-hamburg.de) umgebaut – mit 1.350 m² Vakuumröhrenkollektoren auf dem Dach und an der Fassade wird das Reiherstiegviertel mit Fernwärme versorgt. Im Inneren befinden sich ein **2-Mio.-Liter-Warmwasserspeicher** sowie ein Besuchercafé mit Panoramablick. Wie aus Algen Energie wird, kann man am **Algenhaus BIQ** (Am Inselpark 17, www.biq-wilhelmsburg.de) erleben: In der weltweit einmaligen Wohnhausfassade erzeugen Algen aus Sonnenlicht und CO_2 Biomasse, die in einer Biogasanlage genutzt werden kann. Zudem arbeitet die Fassade wie eine klassische Solarwärmeanlage. **Erdsonden** speichern die Wärme in der Tiefe. In der Nachbarschaft befindet sich das

Innovativer Energiebunker

Ökotel im Nordwesten Hamburgs

als „Null-CO_2-Haus" konzipierte fünfgeschossige Wohngebäude **„WOODCUBE"** (Am Inselpark 7, www.woodcube-hamburg.de). Es besteht aus unbehandeltem massivem Holz.

Ein Deponiehügel im Norden der Elbinsel wurde zudem zum regenerativen **„Energieberg Georgswerder"** (Fiskalische Str. 2, www.hamburg.de/energieberg-georgswerder): Windkraft, Sonnenenergie, Deponiegase und Biomasse versorgen rund 4.000 Haushalte mit Strom. Die herrliche Aussicht über den Hafen bis zum Hamburger Wahrzeichen Michel lässt sich von einem **Besuchersteg** aus genießen. Am Südhang gewinnt eine **10.000 m² große Photovoltaikanlage** rund 400.000 kWh Strom im Jahr.

ⓘ IBA Hamburg, Am Zollhafen 12, Tel. 040/226227228, www.iba-hamburg.de **ÖPNV:** S3 oder S31, Station „Wilhelmsburg" oder S3/S31 Station „Veddel/Ballinstadt".

8 Internationale Kulturfabrik Kampnagel 183/G4

Die Kulturfabrik Kampnagel im Hamburger Stadtteil Barmbek ist nicht nur ein internationales Zentrum für zeitgenössische darstellende Künste, sondern auch eine **„Energiefabrik"**: Die hochmoderne **Dünnschicht-Photovoltaikanlage** auf den Hallendächern umfasst eine Fläche von 900 m² und erzeugt etwa 100.000 kWh Strom pro Jahr, die ins lokale Netz eingespeist werden. 80 leistungsstarke Theaterstrahler können davon 600 Stunden lang betrieben werden.

ⓘ Jarrestr. 20, Tel. 040/2709490, www.kampnagel.de · **ÖPNV:** U3 Haltestelle „Borgweg".

9 Ökotel Hamburg 183/G4

Das Ökotel im Hamburger Nordwesten zeigt, dass nachhaltiges Wirtschaften auch im Hotelbereich umsetzbar ist. Das **Niedrigenergiehaus** erzeugt saubere Energie mit einer **Solarstromanlage** und einem **Blockheizkraftwerk** mit Kraft-Wärme-Kopplung (5 kW_{el}, 12 kW_{th}). Die Abwärme der Lüftung wird zurückgeführt, Regenwasser gesammelt und wiederverwendet. Was sich energetisch andeutet, setzt sich in den Besucherbereichen fort. Die Ausstattung der Hotelzimmer besteht aus Naturstoffen, die Möbel sind aus geöltem Massivholz. Auf den Tisch kommt biologisch Erzeugtes: Käse, Quark und Joghurt stammen vom Ökobauern, das Brot vom Biobäcker.

ⓘ Holsteiner Chaussee 347, Schnelsen, Tel. 040/559730-0, www.oekotel.de · **ÖPNV:** Ab Hbf. mit S3/S21 Richtung Pinneberg. Umsteigen in Eidelstedt in die Buslinie A1 bis Burgwedel.

10 Gut Karlshöhe 183/G4

Das Gut Karlshöhe im Nordosten Hamburgs bietet ein vielfältiges **Umweltbildungs- und Freizeitprogramm** – von der kreativen Holzwerkstatt bis zum Waldläufer-Abenteuercamp reicht das Angebot. Die **Erlebnisausstellung** „jahreszeitHAMBURG" zum Themenkomplex Natur, Energie und Klimaschutz ist im Stallgebäude zu sehen. Die interaktive Schau zeigt an vielen **Mitmachstationen**, wie schlau die Natur mit Energie umgeht und was wir von ihr lernen können. Auf dem Dach der alten Gutsscheune ist eine 160 m^2 große **Photovoltaikanlage** mit einer Nennleistung von 22 kW_p montiert. Im **Gläsernen Energiehaus** können innovative Heiztechniken wie **Wärmepumpen, Brennstoffzellen und ein Mini-Blockheizkraftwerk** besichtigt werden.

ℹ Karlshöhe 60 d, Tel. 040/63702490, www.gut-karlshoehe.de · **ÖPNV:** Metrobus 27, Haltestelle „Gut Karlshöhe".

⑪ Solarsiedlung Bramfeld 183/G4

Mehr als 120 Reihenhäuser in der Siedlung Bramfeld tragen **Sonnenkollektoren** auf ihren Dächern. Gespeichert wird die Sonnenwärme bis in den Winter in einem 4.000 m^3 fassenden **Multifunktionsspeicher**, der als Hügel auf der Wiese des benachbarten Umweltzentrums zu erkennen ist. Dank einem Anschluss an das Hamburger Fernwärmenetz kann hier auch Wärme aus anderen Kraftwerken zwischengespeichert werden – ein deutschlandweit einmaliges Pilotprojekt. Ein Rundgang führt zur „Ökologischen Siedlung Braamwisch", einem Teil der Solarsiedlung, wo weitere Bausteine naturverträglichen Siedlungsbaus wie Pflanzenkläranlagen oder Komposttoiletten realisiert wurden.

ℹ Das Gut Karlshöhe bietet Führungen durch die Solarsiedlung an. · **ÖPNV:** Buslinie 27 bis „Umweltzentrum Karlshöhe".

Gut Karlshöhe

⑫ Sunbrellas 183/G4

Schattenspendende Sonnenschirme mit integrierten Solarzellen, „Sunbrellas" genannt, wurden an der **Hamburger Hochschule für Angewandte Wissenschaften (HAW Hamburg)** entwickelt. Auf der Terrasse vor der Bibliothek erzeugen fünf sonnenbeschirmte Sitzgruppen Energie (15,5 kW_p). Die aktuellen Sonnenerträge sind im Eingangsbereich des HAW-Hauptgebäudes auf einer Multimedia-Informationstafel abzulesen.

ℹ Berliner Tor 5, www.haw-hamburg.de **ÖPNV:** S-Bahn-Halt „Berliner Tor".

⑬ Nige Hus auf Neuwerk 183/E3

Ruhe und Erholung findet der Besucher auf Neuwerk inmitten von Wolken, Watt und Meer. Schon die Anreise auf die vor der Elbmündung gelegene Insel mit dem Pferdewattwagen durch den **Nationalpark Hamburgisches Wattenmeer** ist alles andere als gewöhnlich. Nachhaltiges Wirtschaften und die Nutzung von Solarenergie sind Entwicklungsziele des zur Hansestadt Hamburg gehörenden Eilandes. Das Hotel „Nige Hus" geht mit gutem Beispiel voran: Der Gast duscht mit warmem Wasser aus der hauseigenen **Solarthermieanlage**, außerdem wird **Solarstrom erzeugt**, der ins öffentliche Netz eingespeist wird.

ℹ Hotel Nige Hus & Restaurant „Zum Anker", Haus Nr. 21, Insel Neuwerk, Tel. 04721/29561, www.inselneuwerk.de. Nationalpark-Verwaltung Hamburgisches Wattenmeer, www.nationalpark-wattenmeer.de · **ÖPNV:** Mit der Bahn bis Cuxhaven. Die Wattwagenauffahrt befindet sich in Cuxhaven-Sahlenburg, der Schiffsanleger im Hafen an der „Alten Liebe". Reservierungen über das Hotel möglich.

Hier ist der Horizont weit – Hotel Nige Hus.

Hamburg

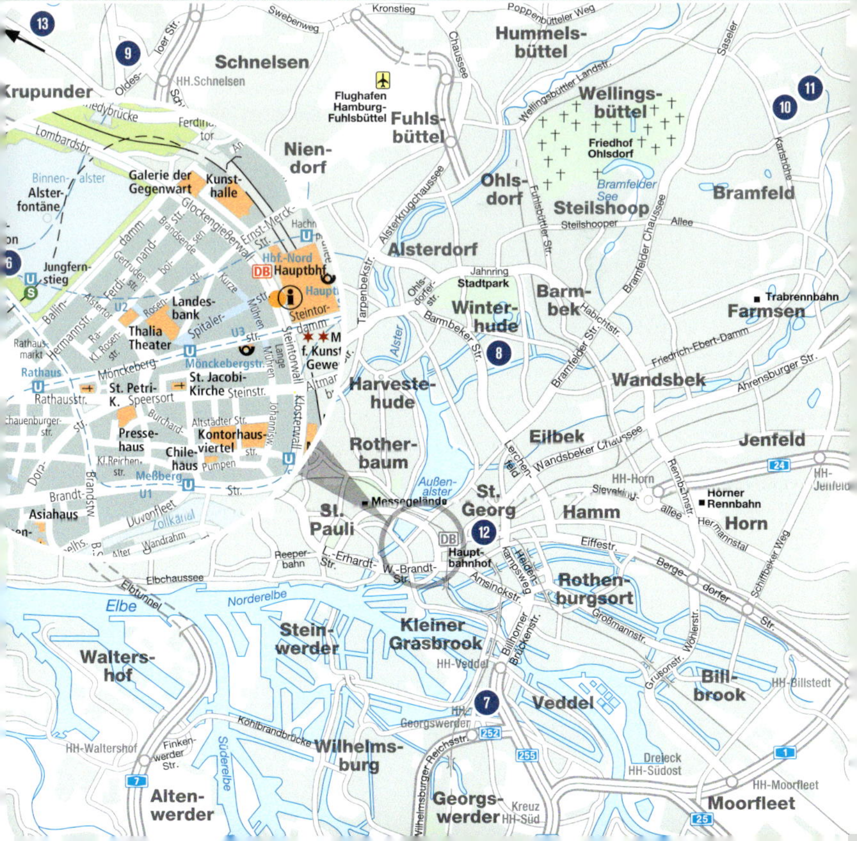

MECKLENBURG-VORPOMMERN

In Mecklenburg-Vorpommern erreicht die Sonneneinstrahlung Spitzenwerte. Auf der Insel Usedom im Nordosten werden häufig 2.000 Sonnenstunden pro Jahr und mehr registriert – in anderen Landesteilen sind es immerhin noch 1.700 bis 1.900. Umso erstaunlicher ist es, dass die installierte Solarstromleistung mit knapp 1.000 MW_p (2012) bisher relativ gering ist und man damit im Ländervergleich einen der letzten Plätze belegt. Dies könnte sich jedoch bald ändern, da in den letzten Jahren auch hier eine erhebliche Wachstumsdynamik eingesetzt hat.

Große Offshore-Potenziale

Immerhin an sechster Stelle steht Mecklenburg-Vorpommern beim Ausbau der Windenergie mit 2.067 MW installierter Anlagenleistung Mitte 2013. Mithilfe des Windes werden insgesamt 3.400 GWh Strom erzeugt. Die **Offshore-Windenergienutzung** hat mit dem Windpark EnBW Baltic 1 vor der Ostseeküste begonnen, weitere Projekte stehen in den Startlöchern. Da Mecklenburg-Vorpommern stark landwirtschaftlich geprägt ist, bestehen auch erhebliche Potenziale in Bezug auf die **Biogaserzeugung**. Anlagen mit einer Stromerzeugungsleistung von 170 MW sind bereits installiert (2012). Die Lage im geothermisch begünstigten Norddeutschen Becken ermöglicht zudem die Nutzung der **Tiefengeothermie**. Bei einem **Projekt in Neustadt-Glewe** beispielsweise wird Energie aus dem Inneren der Erde für Fernwärme genutzt.

> **! WETTERREKORD**
>
> *Sonnigster Monat*
>
> Im Juli 1994 wurde vom Deutschen Wetterdienst am Kap Arkona auf Rügen **(185 E2)** der mit 403 Sonnenstunden sonnigste Monat in Deutschland seit Beginn der Wetteraufzeichnungen registriert. www.dwd.de

⑭ Bollewick bei Röbel/Müritz – Scheune Bollewick

184/D4

Historische Feldsteinscheune

Mit 125 m x 34 m Grundfläche ist die **Bollewicker Feldsteinscheune** die größte ihrer Art in Deutschland. Das gewaltige Bauwerk von 1881 beherbergt heute auf drei Ebenen **Kunsthandwerksbetriebe** sowie ein **Veranstaltungszentrum mit Hotel und Café**. Regelmäßig finden im herrlichen Ambiente der historischen Scheune Märkte, Konzerte und Theateraufführungen statt. Auf dem Dach gibt es, wie auf allen gemeindeeigenen Gebäuden, eine große **Solarstromanlage** (99 kW_p). Sie ist Teil eines umfassenden **Energiekonzeptes**, zu dem auch **zwei Biogasanlagen** gehören, die über ein **Nahwärmenetz** 54 Haushalte versorgen. Bei Nacht werden die Straßen von Bollewick bereits energiesparend mit moderner **LED-Technik** illuminiert.

Nächtliche Illumination

ⓘ Dudel 1, 17207 Bollewick, Tel. 039931/52009, www.scheune-bollewick.de
ÖPNV: Bhf. Wittstock/Dosse, von dort mit Bus Richtung Röbel bis Bollewick.

15 Gülzow-Prüzen – Strohheizwerk und Holzrahmenbau

184/C4

Das 2013 errichtete **Strohheizwerk** in Gülzow-Prüzen im Landkreis Rostock beheizt über ein **Nahwärmenetz** Büro- und Wohngebäude, Werkstätten und Gewächshäuser mit umweltfreundlicher Energie. Zur Anlage gehören das **Kesselhaus mit 1.000-kW-Strohheizkessel, ein 30.000-Liter-Pufferspeicher, ein Gas-Reservekessel und das Strohballenlager** mit Fördereinrichtung und Ballenhäcksler. Das Weizen- und Roggenstroh wird in der Region auf ca. 150 ha Ackerfläche angebaut. An die Anlage angeschlossen ist auch das historische Gutshaus in Gülzow, der Hauptsitz der Fachagentur Nachwachsende Rohstoffe e. V. (FNR).

Fachagentur Nachwachsende Rohstoffe e. V.

Der benachbarte, 2011 fertiggestellte FNR-Neubau, ein Holzrahmenbau, gedämmt mit Zellulose und Holzfasern, hat einen Energiestandard zwischen Niedrigstenergie- und Passivhaus. Der verbleibende Wärmebedarf wird durch eine Wärmepumpe gedeckt. Zum Energiekonzept zählt eine über 6 m hohe **Stampflehmwand** im Inneren, die als **Wärmespeicher** fungiert. Die Fassade besteht aus recycelten Eichenkanthölzern aus ehemaligen landwirtschaftlichen Gebäuden. Heizwerk und FNR-Neubau können nach Anmeldung besichtigt werden.

ⓘ Hofplatz 1, 18276 Gülzow-Prüzen, Tel. 03843/69300, www.fnr.de · **ÖPNV:** Ab Bhf. Güstrow 10 km.

Innovatives Zentrum für nachwachsende Rohstoffe

16 Güstrow – Natur- und Umweltpark

184/D3

Bären, Wölfe und saubere Energie

Bären, Wölfe, Luchse und viele andere Tiere können Naturfreunde im Natur- und Umweltpark Güstrow (NUP) südlich von Rostock erleben. Die neue Bärenanlage ist eine **Raubtier-WG**, im Wechsel leben Wölfe und Luchse mit den Bären zusammen. Insgesamt werden 250 Tiere aus 48 Arten gehalten, darunter Seeadler, Eulen, Dam- und Schwarzwild. Im Innenbereich des modernen Umweltbildungszentrums gibt es eine **begehbare Unterwasserwelt** mit Aqua-Tunnel, durch den man **unter einem Fluss** hindurchlaufen kann. Fast der gesamte Energieverbrauch des Parks wird durch Erneuerbare Energien gedeckt.

Im Eingangsbereich sind futuristische **Sonnensegel** installiert. Mit 1.000 m² beeindruckt zudem ein weiteres 99 kW_p leistungsfähiges Photovoltaikfeld. Über eine Schautafel werden die elektrische Leistung und der Tagesenergieertrag dargestellt. Alle Anlagen liefern zusammen jährlich bis zu 104.000 kWh Strom – das ist etwa so viel, wie 30 Haushalte verbrauchen. Erdwärme wird für Gebäudeheizung, Warmwasserbereitung und Lüftung genutzt: 65 Erdwärmesonden liefern Wärme aus 40 m Tiefe, außerdem tragen Solarkollektoren zur Versorgung bei. Kinder und Jugendliche werden spielerisch an die Solarenergie herangeführt.

65 Erdwärmesonden

Im Rahmen der **Umweltpädagogik-Veranstaltungen** können kleine Entdecker u. a. mit einer Solarwasserpumpe experimentieren und Würstchen auf einem Solarkocher warm machen.

ⓘ Verbindungschaussee, Tel. 03843/24680, www.nup-guestrow.de · **ÖPNV:** Ab Bhf. Güstrow mit Bus bis Haltestelle „NUP".

BAEDEKER WISSEN

Wussten Sie schon ...

... dass im BioEnergie Park Güstrow die größte Biogasanlage Deutschlands steht (20 MW_{el})? Auf 20 Hektar Fläche sind fünf Biogasmodule, bestehend aus je vier Fermentern, in Betrieb. Seit 2009 speist die Anlage pro Jahr ca. 46 Millionen Kubikmeter Biogas ins Erdgasnetz ein. Daraus lassen sich rund 160 Mio. kWh Strom und 180 Mio. kWh Wärme gewinnen. www.nawaro.ag

Der Natur- und Umweltpark in Güstrow bietet vielerlei Attraktionen.

17 Mirow – Jugendherberge Mirow 21

185/E5

Die „Jugendherberge der Zukunft“ steht direkt am Mirower See. Als **Umweltjugendherberge** vermittelt sie Kindern und Jugendlichen nachhaltige Lebensweisen. Dazu trägt unter anderem die innovative Gebäudetechnik bei. Die komplette Wärmeversorgung wird durch Sonnenenergie, eine Holzhackschnitzelheizung und Blockheizkraftwerke gesichert.

Jugendherberge der Zukunft

ℹ Retzower Straße, Tel. 039833/26100, www.jugendherbergen-mv.de · **ÖPNV:** Ab Bhf. Mirow 45 Min. zu Fuß.

18 Neustrelitz – Landeszentrum für erneuerbare Energien Leea

185/E4

Im Leea kann man auf „Energiereise“ gehen.

„Erneuerbare Energien verstehen – erleben – mitmachen“ lautet das Motto des **Landeszentrums für erneuerbare Energien Mecklenburg-Vorpommern (Leea)** in Neustrelitz. Wechselnde Ausstellungen zu den Themen Energie, Klimaschutz und Natur laden auf eine **erlebnisreiche Energiereise** ein. Interaktive Exponate und moderne Touchscreen-Terminals begeistern sowohl Kinder als auch Erwachsene. Zusätzlich finden Schulklassen in einem **EnergieLab** Möglichkeiten des Experimentierens und Forschens. Auf dem Gebäudedach befinden sich zwei Solarstromanlagen (36 kW_p) sowie eine Kleinwindkraftanlage (3,6 kW_p), die etwa die Hälfte des hausinternen Strombedarfes decken. In unmittelbarer Nähe befindet sich das **Biomasse-Heizkraftwerk der Stadtwerke Neustrelitz GmbH**, das die Stadt Neustrelitz und auch das Leea mit Wärme versorgt. Nach Anmeldung können alle technischen Anlagen besichtigt werden.

Programm für Schulklassen

ℹ Am Kiefernwald 1 (Eingabe Navi: Am Heizkraftwerk), 17235 Neustrelitz, Tel. 03981/4490-100, www.leea-mv.de · **ÖPNV:** Ab Bhf. Neustrelitz mit Buslinie 1 bis Haltestelle „Riefstahlstraße“.

Modernes Nationalpark-Zentrum am Königsstuhl

⓳ Rügen – Nationalpark-Zentrum Königsstuhl

185/F2

Mit Julia Roberts in die Kreidezeit

Eine europaweit einzigartige Multimediaausstellung ist bei den berühmten Kreidefelsen auf Rügen zu sehen. **Das Nationalpark-Zentrum des WWF** lädt zu einer Zeitreise in die Kreidezeit vor ca. 70 Millionen Jahren ein: Beim spektakulären Rundgang kann man – geführt von den deutschen Synchronstimmen von Julia Roberts und Pierce Brosnan – unter anderem Gletscher hautnah erleben und einen Wald mit 3-D-Brille erkunden.

Modernste Energietechnik im Haus

Das Haus ist mit modernster Energietechnik ausgestattet: Es gibt Erdwärme- und Sonnenkollektoren zur Wärmeerzeugung, Strom liefern Solarzellen, das Abwasser wird biologisch geklärt.

ⓘ Stubbenkammer 2, 18546 Sassnitz, Tel. 038392/66170, www.koenigsstuhl.com · **ÖPNV:** Ab Bhf. Sassnitz mit Buslinien 14, 20 direkt bis zum Königsstuhl.

BAEDEKER TIPP !

⓴ Schwerin – Hotel Speicher

184/C4

Wo früher das Getreide Schwerins lagerte, kann man heute in edlem Ambiente im ersten **klimaneutralen Hotel** Mecklenburg-Vorpommerns nächtigen. Der nachhaltige Ansatz des Hotels wird konsequent weiterentwickelt: Ein hoteleigenes Blockheizkraftwerk ist bereits in Planung. ⓘ Speicherstraße 11, 19055 Schwerin, Tel. 0385/50030, www.speicher-hotel.de · **ÖPNV:** Ab Hbf. Schwerin Buslinie 10 oder 11 bis Haltestelle „Güstrower Straße".

21 Stralsund – Nautineum

185/E2

Sonne und Meer

Das **Nautineum** auf der Insel „Kleiner Dänholm" ist einer von vier sehenswerten Standorten der Stiftung Deutsches Meeresmuseum. Zu den Highlights gehören das **begehbare Unterwasserlabor Helgoland** und die architektonisch originelle 14 Meter hohe Bootshalle. Die schräge Dachkonstruktion des Nautineums ermöglicht es, im Inneren Schiffe mit Mast und Segel zu zeigen, wie z. B. das Museumszeesboot STR9. Eine **Solarstromanlage** wurde sehr ansprechend in die Gebäudehülle integriert.

ⓘ Zum Kleinen Dänholm, 18439 Stralsund, Tel. 03831/288010, www.nautineum.de · **ÖPNV:** Ab Stralsund Hbf. Buslinie 2 bis Haltestelle „Dänholm".

22 Wietow – Solarzentrum M-V

184/C3

Technologie- und Infozentrum

Im solaren Technologie- und Gewerbezentrum werden Bildungsangebote und Forschungsprojekte in adäquatem Ambiente veranstaltet. So sind im unter Denkmalschutz stehenden Gutskomplex, der komplett ökologisch und solar saniert wurde, zwei Photovoltaikanlagen in die Dächer integriert und die Fensterläden mit durchscheinenden Solarmodulen bestückt. Im futuristischen Neubau („Energy power greenhouse-EPG") wurden u. a. drei Gewächshausbereiche mit unterschiedlichen Klimazonen verwirklicht. Die Wärme für den tropischen Bereich wird mit neuartiger **Konzentratortechnik**, basierend auf **Fresnel-Linsen**, gewonnen und in **neun Langzeitspeichern** für die kalte Jahreszeit eingelagert. Vier weitere Speicher für Eiswasser, gewonnen aus kostenloser Winterkälte, dienen der Gebäudeklimatisierung im Sommer. Das Solarzentrum bietet auch **Hotelübernachtungen** im ökologischen Ambiente.

Auf **neun Pfaden** können Besucher das Gebäude durchstreifen und z. B. den „Weg des Wassers", den „Weg des Lichtes" oder den „Weg zur eigenen Solaranlage" spielerisch begehen. In unmittelbarer

„Energy power greenhouse" mit drei Gewächshausbereichen

Nachbarschaft befindet sich der **Kunst-Windpark Lübow**, bei dem vier Windkraftanlagen (je 500 kW) von regionalen Künstlern farbenfroh bemalt wurden.

ⓘ Wietow, Haus 11, Tel. 03841/33300, www.solarzentrum-mv.de · **ÖPNV:** Bahnhöfe Wismar oder Dorf Mecklenburg, von dort ca. 4 km.

㉓ Zernin – Solarkirche

184/C3

Wegweisender Denkmalschutz

Eine gelungene Kombination von umweltgerechter Energiegewinnung und der Rettung historischer Bausubstanz ist in Zernin zu bestaunen. Die **Feldsteinkirche in Backsteingotik** aus dem 14. Jh. war so stark verfallen, dass Bäume im Kirchenschiff wuchsen. Beim Wiederaufbau entschied man sich für ein Solardach auf der gesamten Südfläche (ca. 19 kW_P, 150 m^2, 15.000 kWh im Jahr). Um die Tragfähigkeit des alten Gemäuers nicht zu überlasten, wurde das Solardach auf einer **neuen Stahlkonstruktion** errichtet. Mauerwerk und Dach sind mit einem umlaufenden Glasband verbunden, das Tageslicht in den Kircheninnenraum lässt. Alt und Neu sind optisch deutlich voneinander getrennt, die Ruinenphase wird bewusst in die Architektur einbezogen. In der Nachbarschaft bei Sternberg ist außerdem das **größte Wasserkraftwerk** Mecklenburg-Vorpommerns zu sehen: Seit 1924 an der Dorfstraße im Ortsteil Zülow in Betrieb, verfügt es über zwei Generatoren mit je 550 kW Leistung.

Solarstromanlage

ⓘ Pastorin Helga Müller, Tel. 038462/22223, www.kirche-baumgarten.de **ÖPNV:** Vom Bhf. Bützow mit Regionalbus nach Zernin, nur 2- bis 3-mal täglich, www.ovg-guestrow.de.

Die sanierte Kirche von Zernin

NIEDERSACHSEN

Niedersachsen ist landschaftlich sehr abwechslungsreich – von den Ostfriesischen Inseln über die Lüneburger Heide bis hin zu den Mittelgebirgen im Süden bietet es unterschiedlichste Naturräume und damit auch reichlich Möglichkeiten, vom Einsatz Erneuerbarer Energien zu profitieren.

Bei der Windenergie führend

Nicht nur entlang der Küsten weht häufig eine steife Brise: Mit über 5.500 Anlagen (7.512 MW; Mitte 2013) stehen in Niedersachsen die mit Abstand **meisten Windräder in Deutschland**. Sie erzeugen damit jährlich mehr Strom, als 3,5 Mio. Haushalte benötigen. In Zukunft wird auch die Nutzung der Windenergie auf der Nordsee stark an Bedeutung gewinnen: Seit Mitte 2013 sind die ersten kommerziellen **Offshore-Windparks** fertiggestellt (siehe Offshore-Doppelseite 58–59). Im zweitgrößten Bundesland spielt auch die Landwirtschaft eine große Rolle: 1.480 **Biogasanlagen** mit einer installierten elektrischen Leistung von 780 MW (2012) erzeugen bereits Wärme und Strom. Bei der **Solarstromkapazität** belegt Niedersachsen Platz vier bundesweit (ca. 3.000 MW; 2012). Der Großteil des Bundeslandes befindet sich zudem im Bereich des für die **Tiefengeothermie** sehr interessanten Norddeutschen Beckens, wo man Wärme und teils auch Strom effektiv aus Erdwärme gewinnen kann.

> **?** BAEDEKER WISSEN
>
> *Wussten Sie schon ...*
>
> ... dass der erste deutsche Offshore-Windpark in der Nordsee etwa 45 km vor Borkum gebaut wurde? Im Jahr 2009 ging der unter dem Namen „Alpha Ventus" bekannte Windpark ans Netz. Die zwölf Windenergieanlagen liefern eine Gesamtleistung von 60 Megawatt. www.alpha-ventus.de

21 Aller-Leine-Tal – EnergieRoute

183/F6

Von Celle nach Verden

Die „EnergieRoute" ist eine rund 100 km lange **Rad-Themenroute** durch das idyllische Aller-Leine-Tal. Die Route beginnt in Celle an der alten Ratsmühle und endet in Verden am Lugenstein. Man radelt vorbei an historischen und modernen Wasserkraftwerken, an Biogas- und Solaranlagen. Insgesamt kann man sich an 42 Energiestationen über regenerative Energien informieren. Unter anderem besteht die Möglichkeit mit der **Solarfähre** Otersen-Westen über die Aller zu setzen, sich fachkundig über das Bürgerwindrad „ALWinE"

und eine der vielen Biogasanlagen zu informieren oder an einem idyllisch gelegenen Wasserrad zu rasten.
In der EnergieRegion Aller-Leine-Tal wird der Stromverbrauch bereits heute zu mehr als 130 % aus verschiedenen Erneuerbaren Energien gedeckt. Die Region möchte zudem auch im **Wärmebereich** mehr Energie aus Erneuerbaren Energien erzeugen als dort verbraucht wird. „100% Erneuerbare-Energien-Region+“ heißt das Ziel. Mit seinem breiten Mix an Maßnahmen im Energiebereich ist das Aller-Leine-Tal eine bundesweite Vorreiterregion.

ⓘ Zweckverband Aller-Leine-Tal, Am Markt 1, 29690 Schwarmstedt, Tel. 05071/8688, www.radeln-aller-leine-tal.de · **ÖPNV:** Ab Hannover bis Bhf. Schwarmstedt bzw. Hodenhagen. Rethem (Aller) über Bhf. Eystrup.

25 Emden – Stadt der Windenergie

182/C4

Zahlreiche Superlative

Emden deckt bereits heute seinen Strombedarf zu 100 % aus regenerativer Energie. Einen großen Teil liefert der **Windpark Wybelsumer Polder**, einer der größten Europas, mit zurzeit 60 Windkraftanlagen und 126 MW Leistung. Auch im Solarbereich hat Emden einiges zu bieten: Das Freibad in Borssum betreibt **Niedersachsens größte thermische Solaranlage** mit 1.900 m^2 Fläche, und an der A 31 sorgt eine Lärmschutzwand mit Dünnschicht-Photovoltaikanlage für Schallschutz und Energieertrag zugleich. Die **Emder Kunsthalle** nutzt die Wärme der Erde zum Heizen und Kühlen. Sie wird durch 250 m tiefe **Erdwärmesonden** mit Energie versorgt.

Umweltbildungszentrum

Im Umweltbildungszentrum **Ökowerk** wird viel Wissenswertes rund um das Thema Ökologie vermittelt. Und wenn man von dort am Deich entlang Richtung Hafen radelt, kann man in der Ems eine der **weltgrößten Windenergieanlagen** in Betrieb sehen.

ⓘ Windpark Wybelsumer Polder, www.wwp-emden.de · Umweltbildungszentrum Ökowerk, Kaierweg 40 a, www.oekowerk-emden.de

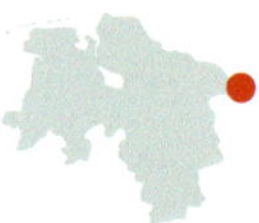

26 Gartow – Bernstorff'sche Betriebe

184/C5

Bei den Gräflich von Bernstorff'schen Betrieben im Wendland lässt sich die **Energiezukunft** schon heute erleben: Das Landgut verwaltet weitläu-

Innen wohnlich warm – geheizt wird mit Holz.

fige Ländereien und hat sich schon früh den Erneuerbaren Energien verschrieben. Für Besucher gibt es zahlreiche Angebote im Bereich Kunst, Kultur, Freizeit und Naturschutz. Eine **Biogasanlage** erzeugt elektrischen Strom und Wärme, welche über ein 3,3 km langes **Fernwärmenetz** u. a. an das Schloss Gartow und die **Wendlandtherme** verteilt wird. Alle angeschlossenen Bezieher können zusammen eine thermische Gesamtleistung von 1,5 MW nutzen. Die Gräflich von Bernstorff'sche Forstverwaltung beschäftigt sich seit Jahren intensiv mit dem Thema Holzenergie, außerdem gibt es schon viele Jahre eine Photovoltaikanlage zur Stromerzeugung.

Kunst und Kulturprogramm

ⓘ Hauptstr. 6, 29471 Gartow, Tel. 05846/1269, www.bernstorff.de · **ÖPNV:** Vom Bhf. Dannenberg (Ost) mit Buslinie 1944 bis Haltestelle „Gartow (Elbe), Kirche".

27 Göhrde – Kenners LandLust

184/B5

BAEDEKER TIPP !

Kenners LandLust ist ein **klimaneutrales Hotel** in Göhrde im Kreis Lüchow-Dannenberg. Neben Ruhe und Entspannung erwarten die Gäste unter anderem eine raffinierte Bioküche, Wellnessangebote, ein **Biogasauto** zur Ausleihe, **Pedelecs** sowie **100 % Ökostrom**. Geplant sind des Weiteren Solaranlagen, ein Blockheizkraftwerk, eine Wärmerückgewinnung und einiges mehr.

ⓘ Kenners LandLust, Dübbekold Nr. 1, 29473 Göhrde, Tel. 05855/979300, www.kenners-landlust.de · **ÖPNV:** Bhf. Göhrde, von da etwa 3 km.

BAEDEKER SPECIAL

Metropole am Maschsee

Wind, Sonne und Kunst gehen in und um die niedersächsische Landeshauptstadt spannende und sehenswerte Verbindungen ein.

„Im Schatten des Windes"

Wer rund um Hannover unterwegs ist, findet hier Windenergieanlagen der besonderen Art: Anlässlich der EXPO 2000 wurden im Raum Hannover **Windenergieanlagen in Verbindung mit Kunstwerken** errichtet. So begeistert im Süden Hannovers bei Sehnde-Müllingen ein vom französischen Künstler Patrick Raynaud entworfener 28 **„Zauberstab"** die Besucher. Die dreißig farbigen Leuchtfelder am Turm erinnern an bunte Smarties. Bei Barsinghausen-Bantorf westlich Hannovers greift die Skulptur des New Yorker Künstlers Allan Wexler 29 **„Im Schatten des Windes"** den Schatten des Windrades beim höchsten Sonnenstand im Jahr auf: Besucher können an dem riesigen „Schattentisch" Platz nehmen. Die in den Betontisch eingelassenen Kohlestücke entsprechen der Menge, die durch die Windkraftanlage jeden Tag eingespart wird. Mit dem Windrad 30 **„Skytalk"** in Garbsen hatten Felix Stephan Huber und Florian Wüst einen öffentlichen Chatroom geschaffen: Über ein Eingabeterminal und eine Website konnte man Textbotschaften eingeben, die dann über Großdisplays am Maschinenhaus der Anlage liefen. Das Kunstwerk wurde aus technischen Gründen im Jahr 2008 abgebaut. Weitere Informationen unter www.skytalk.org.

i www.windwaerts.de · **ÖPNV** ab Hannover Hbf.: nach Sehnde-Müllingen U1 bis Haltestelle „Gleidingen/Orpheusweg", weiter mit Bus 390 bis Haltestelle „Wirringen"; nach Barsinghausen-Bantorf S1 oder S2 bis Haltestelle „Bantorf". Fußweg ca. 1,5 km.

Windkraftkunst

Beliebter Treff: „Café Mezzo“

㉛ Café unterm Sonnensegel 187/G1

Am Raschplatz scheint mit dem **Solarpavillon** ein Raumschiff gelandet zu sein. In realiter handelt es sich um ein **Kulturzentrum** mit einer Solaranlage (42 kW, 28.000 kWh/Jahr), die in Form einer runden Scheibe sciencefictionartig über dem Gebäude schwebt. Im dortigen **Café Mezzo** kann man im Sommer auf der Terrasse sitzen.

ⓘ Lister Meile 4, www.cafe-mezzo.de

㉜ Solarkatamaran „Europa-enercity“ 187/G1

Sonntags startet der **Solarkatamaran** „Europa-enercity“ vom Sprengelmuseum zur lautlosen Rundfahrt auf dem Maschsee. Während die Stadtsilhouette vorbeigleitet, werden Kaffee und Kuchen serviert. Der Star der Maschsee-Bootsflotte erreicht mit Sonnenstrom 14 km/h Spitzengeschwindigkeit, die **Solarstromanlage auf dem Dach** hat eine Leistung von 4,2 kW_p. Die nach dem Sonnengott benannte „RA 72“ ist von Karfreitag bis Oktober in Betrieb.

ⓘ üstra Reisen, Tel. 0511/700950, www.uestra-reisen.de

Hannover

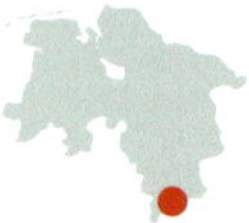

㉝ Jühnde – Bioenergiedorf

187/G3

Erstes Bioenergiedorf Deutschlands

Das Bioenergiedorf Jühnde ist das erste Dorf Deutschlands, das sich komplett mit Strom und Wärme aus Biomasse versorgt. Es ist Teil der Gemeinde Dransfeld und liegt 12 km südwestlich der Universitätsstadt Göttingen. Die **Biogasanlage mit Blockheizkraftwerk** erzeugt neben Wärme auch Strom – doppelt so viel, wie die Gemeinde jährlich verbraucht. Unterstützt wird die Biogasanlage bei Bedarf durch ein Biomasseheizwerk, in dem Holzhackschnitzel verbrannt werden. Zwei Drittel der Haushalte sind inzwischen an das neue 5,5 km lange **Nahwärmenetz** angeschlossen. Die Umstellung auf Erneuerbare Energien hat sich gelohnt, die Landwirte wurden zu Energiewirten und haben ein zusätzliches finanzielles Standbein gewonnen. Erfahrungen und Wissen werden über das in Jühnde gegründete **„Centrum neue Energien“** (CNE) vermittelt. Über ein Dutzend Bürger sind inzwischen zu Touristenführern ausgebildet worden und das Bioenergiedorf wurde im Jahr 2005 mit dem **Europäischen Solarpreis** ausgezeichnet.

Landidylle im Bioenergiedorf

ℹ Bioenergiedorf Jühnde eG, Koppelweg 1, Tel. 05502/911973, www.centrum-neue-energien.de · **ÖPNV:** Buslinie 120 von Göttingen oder Hann. Münden bis Scheden, ab dort mit Linie 121 weiter.

! BAEDEKER WISSEN

Bioenergie-Regionen und -Dörfer in Deutschland

Die Nutzung der Bioenergie bietet gerade dem ländlichen Raum große Chancen zu einer nachhaltigen Versorgung mit Wärme und Strom. Inzwischen gibt es **21 Bioenergie-Regionen** und **92 Bioenergie-Dörfer**. Einige der Bioenergie-Dörfer bieten für Touristen besondere Informationsangebote, wie etwa geführte Besichtigungen, Vorträge, Infozentren, Lehrpfade oder Tafeln mit technischen Details. Oft ist dies bestens zu kombinieren mit Urlaub auf dem Bauernhof oder dem Besuch eines Landgasthofes.

Gute Beispiele hierfür sind z. B. die Gemeinden **Jühnde** in Niedersachsen (siehe oben), **Schlöben** in Thüringen (S. 96) oder **Wildpoldsried** in Bayern (S. 166). www.bioenergie-regionen.de, www.wege-zum-bioenergiedorf.de

34 Nordhorn – Solarboot Vechtesonne

182/C6

Durch die Grachten Nordhorns

Nordhorn an der niederländischen Grenze gilt mit seiner von kleinen Kanälen durchzogenen Altstadt als **„Grachtenvenedig"** Niedersachsens. Die Brücken sind so niedrig, dass nur wenige Schiffe die Kanäle befahren können. Für den solarbetriebenen **Cabrio-Katamaran „Vechtesonne"** sind Durchfahrtshöhen von 80 cm jedoch kein Problem. Auf mehreren thematischen Rundfahrten lernen Sie besonders idyllische Ecken der Stadt kennen: Auf der „City-Rundfahrt" werden viele sonst unzugängliche Stellen der Innenstadt gestreift, die „Povel-Rundfahrt" führt ins ehemalige Gelände der Textilfirma Povel, dessen heutige preisgekrönte Wohnbebauung durchzogen ist von Grachten und Flussarmen der Vechte. Für Kinder gibt es Extraangebote wie eine „Schatzfahrt".

ⓘ VVV – Stadt- und Citymarketing Nordhorn e. V., Firnhaberstr. 17, Tel. 05921/80390, www.vvv-nordhorn.de · **ÖPNV:** Der Anleger Firnhaberstraße befindet sich ganz in der Nähe des Busbahnhofs Nordhorn.

35 Springe-Eldagsen – Energie- und Umweltzentrum am Deister

187/F1

Das Energie- und Umweltzentrum am Deister e. V. in Springe-Eldagsen bietet regelmäßig Infotage an. In der Dauerausstellung **„energie anschaulich"** ist der Name Programm. Energieeffizientes und ressourcenschonendes Bauen unter Einsatz von regenerativen Energietechniken steht im Mittelpunkt des Angebotes des Umweltbildungszentrums.

ⓘ Zum Energie- und Umweltzentrum 1, 31832 Springe-Eldagsen, Tel. 05044/97520, www.e-u-z.de · **ÖPNV:** Buslinie 385 ab Springe, Haltestelle „Energie- und Umweltzentrum".

Informative Führung über das Gelände des Energie- und Umweltzentrums

Die Kraft des Windes

Wind entsteht durch Druckunterschiede in der Atmosphäre. Seit Jahrhunderten wird die Kraft des Windes mittels Windmühlen genutzt. In der modernen Variante der Windenergieanlagen wird die Energie in elektrischen Strom umgewandelt.

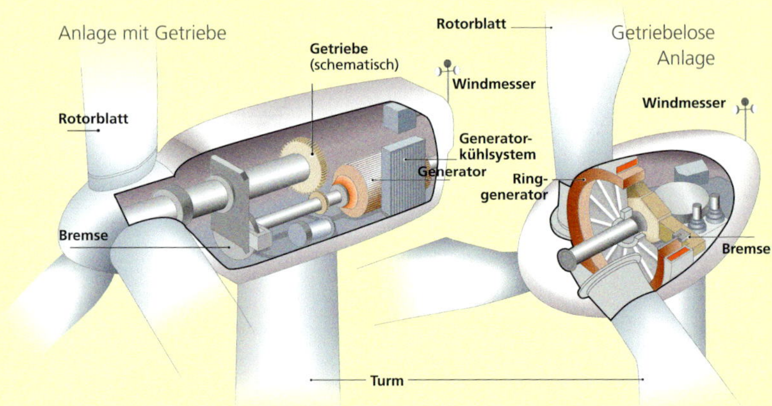

Moderne Windenergieanlagen gibt es als Anlagen mit Getriebe (links) sowie als getriebelose Anlagen (rechts).

Eine Windenergieanlage besteht aus Turm, **Gondel** und dem Rotor, der die Rotorblätter trägt. Die Gondel mit dem Rotor wird permanent nach dem Wind ausgerichtet. Wie beim **Flugzeugflügel** strömt die Luft an den Rotorblättern vorbei: An der gewölbten Seite legt sie einen weiteren Weg zurück, Unterdruck entsteht. An der flachen Seite ist der Weg kürzer, es entsteht ein Überdruck.

Prinzip Fahrraddynamo

Der Rotor setzt sich in Gang und treibt einen Generator an, der – einem Fahrraddynamo ähnlich – Strom erzeugt. Strom aus Windenergie an Land ist heute eine der günstigsten Formen der regenerativen Energiegewinnung. Die erzielbaren Erträge sind dabei im Wesentlichen abhängig von …

- … einem **guten Windstandort**: Eine Verdopplung der Windgeschwindigkeit bedeutet eine Verachtfachung der im Wind enthaltenen Energie.

- … der **Turmhöhe der Anlagen**: Der Wind weht in größeren Höhen stärker und stetiger als in niedrigeren. Als Faustregel gilt: Pro zusätzlichem Meter Turmhöhe vergrößert sich der Ertrag um ein Prozent.

- … der **Größe der Rotoren**: Verdoppelt man den Rotordurchmesser, vervierfacht sich die nutzbare Fläche und somit der Ertrag der Anlage.

Windenergieanlagen werden immer leistungsfähiger: Je nach Standort hat sich die Höhe der Anlagen in den letzten 10 Jahren verdoppelt und der Rotordurchmesser verdreifacht. Im Ergebnis steht ca. eine **Verzehnfachung der Stromproduktion** pro Anlage. Selbst im Binnenland kann man Erträge wie an der Küste erzielen – mit höheren Anlagen und größeren Durchmessern. Durch das Ersetzen alter Anlagen durch neue, das sogenannte **„Repowering"**, lassen sich vorhandene Standorte zudem effizienter nutzen.

Offshore-Windparks

Neben der Windenergie an Land bieten auch Meereswindparks, sogenannte **„Offshore-Windparks"**, große Potenziale. Zahlreiche Projekte sind in der Nord- und der Ostsee in Planung. Und die ersten realisierten Projekte liefern bereits Energie (s. S. 60).

Potenziale der Windenergie

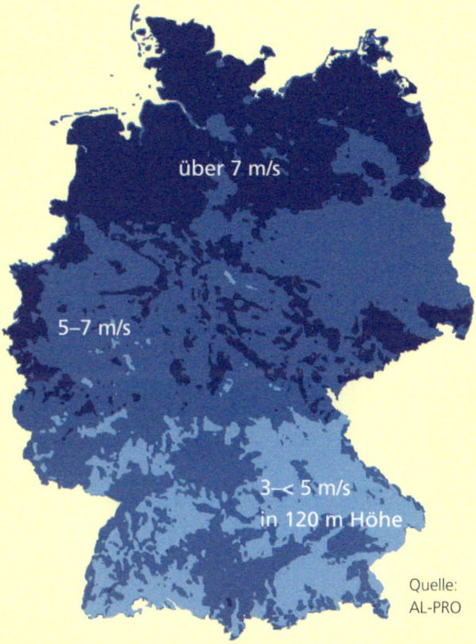

Quelle: AL-PRO

Weitere Infos zur Windenergie in Deutschland finden Sie unter: www.wind-energie.de

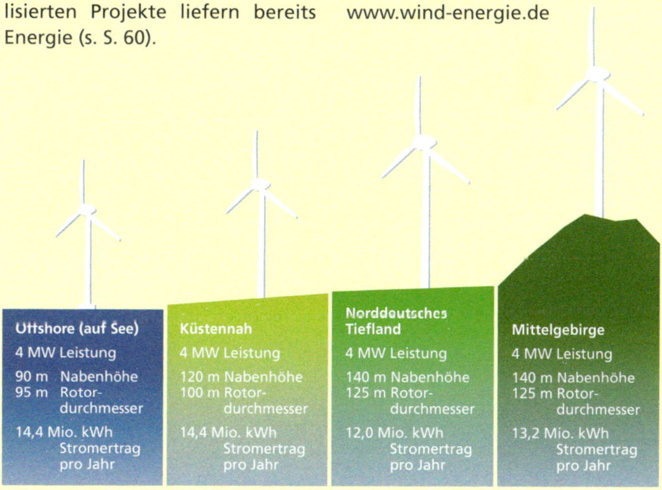

Selbst im Binnenland kann man hohe Erträge erzielen – mit höheren Anlagen und größeren Rotordurchmessern.

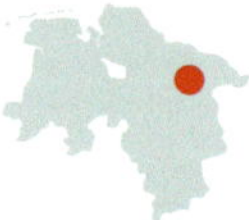

36 Uelzen – Hundertwasser-Bahnhof

184/A5

Expo-Projekt

Einer der schönsten Bahnhöfe Deutschlands steht in Uelzen. Der wilhelminische Backsteinbahnhof wurde anlässlich der Expo 2000 von dem bekannten Künstler **Friedensreich Hundertwasser** umgebaut und ist so zum kulturellen Anziehungspunkt geworden. Künstlerische Schöpfungskraft und umweltfreundliche Energieversorgung bilden seitdem eine gelungene Einheit. Bunte Säulen, goldene Kugeln an den Gebäudeecken und Glaskuppeln über den Innenhöfen gehören zur Formensprache des Wiener Künstlers.

Unter dem Motto **„Rail & Sun"** entstanden auf dem Gebäude und über den Bahnsteigen Solarstromanlagen, die fast so viel Energie erzeugen, wie 25 Haushalte benötigen.

ⓘ Bahnhof 2000 Uelzen e. V., Friedensreich-Hundertwasser-Platz 1, 29525 Uelzen, Tel. 0581/3890-489, www.hundertwasserbahnhof.de, Führungen: täglich 11 Uhr

Der solare Hundertwasser-Bahnhof in Uelzen

37 Werlte – Audi e-gas-Anlage

182/D6

Synthetisches Methan

Unweit der Ortschaft Werlte steht die weltweit **erste industrielle Power-to-Gas-Anlage**. Der Autohersteller Audi produziert dort „e-gas", ein synthetisches Methan. Die Anlage nutzt in Zeiten mit viel

Innovativ: Audi e-gas-Anlage

Wind und geringer Stromnachfrage Grünstrom, um mit drei riesigen Elektrolyseuren (Gesamtleistung 6 MW) **Wasserstoff** herzustellen. Dieser reagiert anschließend mit Kohlendioxid aus der benachbarten Biogasanlage. Dabei entsteht das **Audi e-gas**, das über das bestehende **Erdgasnetz** an die Tankstellen gelangt. Die Anlage, die dank effizienter Nutzung der Energie- und Wärmeströme einen hohen Wirkungsgrad erzielt, bindet pro Jahr ca. 2.800 t CO_2 und stellt rund 1.000 t e-gas her. Damit können etwa 1.500 CNG-Autos vom Typ **Audi A3 g-tron** CO_2-neutral fahren. Die Audi e-gas-Anlage ist ein Leuchtturmprojekt der **Energiewende:** Es ist erstmals möglich, große Mengen Wind- und Solarstrom zu speichern und gleichzeitig einen nachhaltigen synthetischen Kraftstoff zur Verfügung zu stellen.

ⓘ Audi e-gas-Anlage, Loruper Str. 80, 49757 Werlte, www.audi.de

38 Westerholt – Windpark Holtriem

182/C4

Besucherkanzel in 65 m Höhe

Ostfriesland ist ein Eldorado für Windenergiefreunde. Zwischen Dollart und Jadebusen sind über 1.500 MW Windenergieleistung installiert. Die großen Windparks können es durchaus mit konventionellen Kraftwerken aufnehmen. Rechnerisch ist Ostfriesland längst Selbstversorger. Die **Besucherkanzel im Windpark Holtriem** ist ein echter Höhepunkt: Über eine Wendeltreppe geht es über 297 Stufen im Turm hoch zur verglasten Besucherplattform in 65 m Höhe. Dort bietet sich ein **herrlicher Rundumblick** – bei klarem Wetter bis zu den Ostfriesischen Inseln. In Holtriem drehen sich 55 Anlagen mit fast 90 MW Leistung. Die erzeugte Strommenge reicht für über 60.000 Vierpersonenhaushalte – bei seiner Errichtung war er der größte Windpark Europas.

ⓘ Windpark Norderland, Tel. 04977/264820 · **ÖPNV:** Vom Bhf. Leer mit den Buslinien 460 und 378 über Aurich nach Westerholt.

297 Stufen bis zum Panoramablick

Große Potenziale vor der Küste

Neben der Windenergie an Land bieten auch Meereswindparks, sogenannte **„Offshore-Windparks"**, große Potenziale. Da der Wind auf dem Meer stetig weht, ist die Offshore-Windenergie eine **grundlastnahe Erzeugungsform**. Der erste realisierte Offshore-Windpark Deutschlands ist „Alpha Ventus" vor der Insel Borkum.

Je nach Wassertiefe und der Beschaffenheit des Meeresgrundes nutzt man für Windenergieanlagen unterschiedliche **Fundamente und Gründungen**. Bisher kommen in den Windparks in der deutschen Nord- und Ostsee etwa Einbeine (Monopiles), Dreibeine (Tripods und Tripiles) oder Gitterkonstruktionen (Jackets) zum Einsatz.

Um den Strom von hoher See an Land zu bringen, bedarf es innerhalb des Windparks einer **Umspannstation**; von dort führen Stromkabel zur Küste. Bei besonders hohen Leistungen bedient man sich der quasi verlustfreien **Hochspannungs-Gleichstrom-Übertragung (HGÜ)**. Hierfür wird der Strom für den Transport umgewandelt (Konverterplattform auf See und Konverterstation an Land).

Ob Emden oder Sassnitz – für die Offshore-Windenergie sind die **Häfen der Nord- und Ostsee** von zentraler Bedeutung. Von dort werden die Windkraftanlagen nicht nur hinaus aufs Meer gebracht, an den Basishäfen finden beispielsweise die Produktion und Vormontage der Anlagen statt.

Der **Bau der Windparks** stellt aber auch hohe Ansprüche infolge der rauen Umgebung, sowohl bei der Errichtung als auch bei Betrieb und Wartung sowie im Hinblick auf den Natur- und Artenschutz.

Durch den Ausbau der Offshore-Windenergie entstehen nicht nur neue **Arbeitsplätze** entlang der Küste. Die Wertschöpfungskette reicht bis nach Süddeutschland, wo viele Zulieferbetriebe aus Metall- und Maschinenbau sitzen.

Fundamente und Gründungen für unterschiedlichste Windenergieanlagen

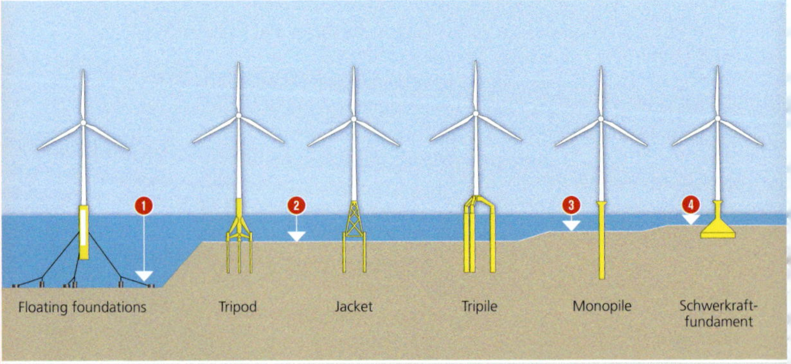

1 Große Wassertiefen > 50 m
2 Mittlere Wassertiefen > 20–50 m
3 Geringe bis mittlere Wassertiefen bis zu 30 m
4 Geringe Wassertiefen bis ca. 20 m (neue Entwicklungen ggf. bis 40 m)

Reiseziele zur Offshore-Windenergie

Beeindruckend: die Fundamente der Offshore-Anlagen in Bremerhaven

Ende des Jahres 2013 waren bereits sechs Windparks mit insgesamt 116 Anlagen und 520 MW Leistung (Übersicht unter www.offshore-windenergie.net) vor den Küsten Deutschlands in Betrieb: Der größte von ihnen ist **BARD Offshore I** in der Nordsee (400 MW). Bis 2015 werden weitere Offshore-Windparks mit einer Gesamtleistung von rund 3.000 MW fertiggestellt sein und sauberen Strom liefern.

An Land gibt es mehrere Offshore-Anlaufstellen, wo man sich über die Windenergienutzung auf See informieren kann:

39 Tour de Wind 183/E4

Die **Erlebnis Bremerhaven GmbH** bietet regelmäßig eine geführte Busfahrt **„Tour de Wind"** zu interessanten Projekten und Unternehmen aus der Windenergiebranche an.

Die etwa 30 Stationen können mit einem **„Windstadtplan"** auch individuell abgefahren werden.

ⓘ www.bremerhaven-tourism.de

40 Offshore Basis 183/E3

In Cuxhaven gibt es geführte Stadtrundfahrten mit dem roten Cuxliner-Bus u. a. zu den gigantischen Anlagen der **„Offshore Basis Cuxhaven"**. Außerdem bietet eine **Offshore-Ausstellung** im **Forum Maritim** Informationen rund um den Offshore-Standort Cuxhaven.

ⓘ Neufelder Str. 12, 27472 Cuxhaven, www.offshore-basis.de

41 Infocenter Rostock 184/C3

Für die Ostseeprojekte gibt es in Rostock die erste Dauerausstellung zur Offshore-Windenergie: Das **Offshore Infocenter Rostock** befindet sich auf dem Traditionsschiff im Schifffahrtsmuseum am IGA Park.

ⓘ Schmarl-Dorf 40, 18106 Rostock, www.schifffahrtsmuseum-rostock.de

Weitere Informationen zur Offshore-Windenergie unter:
www.offshore-stiftung.de
www.offshore-windenergie.net

SCHLESWIG-HOLSTEIN

Schleswig-Holstein bietet als das Land zwischen den Meeren einen weiten Himmel und stets eine frische Brise. Hier steht die Wiege der deutschen Windenergienutzung.

Windreiches Land zwischen den Meeren

Windenergieanlagen mit einer installierten Leistung von 3.700 MW (Mitte 2013) machen Schleswig-Holstein zum Windland Nummer vier. Setzt man die Leistung jedoch in Bezug zur Landesfläche, nimmt es bundesweit Platz eins der Flächenländer ein. Die Windenergie deckt über 40 % des Nettostromverbrauchs Schleswig-Holsteins. Die geplante **Offshore-Windenergienutzung** vor den Küsten wird in den kommenden Jahren diesen Anteil weiter erhöhen. Im **Kaiser-Wilhelm-Koog**, wo schon im Jahr 1919 erstmals Strom aus Windenergie gewonnen wurde, kann man im Windpark einen Blick in die Geschichte und die Zukunft der Windenergie werfen (www.kaiser-wilhelm-koog.de).

> **! WETTERREKORD**
>
> *Böenmaximum im Tiefland*
>
> Das Böenmaximum im Tiefland wurde am 3. Dezember 1999 mit 184 km/h (51 m/s) in List auf Sylt **(183 E1)** registriert. Im Bergland (Zugspitze) wurden in Staudrucklagen schon Böen bis zu 335 km/h verzeichnet. www.dwd.de

Küstennahe Standorte und die vorgelagerten Inseln sind wegen der hohen Zahl der **Sonnenstunden** auch für die Solarenergienutzung bestens geeignet, die anderen Erneuerbaren Energiequellen sind ebenfalls auf dem Vormarsch. Vorbildcharakter hat die **Insel Pellworm** (Nr. 47), die sich schon bald komplett mit Sonne, Wind und Biomasse versorgen kann. Die große Landwirtschaftsfläche prädestiniert Schleswig-Holstein für den Einsatz von Biogasanlagen. Auch die Wärmegewinnung aus Geothermie hat großes Potenzial.

42 Eckernförde – Technik- und Ökologiezentrum

183/G2

Mittelmeerklima im Technikzentrum

Das Technik- und Ökologiezentrum (TÖZ) im Stadtteil Marienthal bietet jungen Unternehmen und Existenzgründern aus der Umweltbranche Büro- und Arbeitsräume. 36 Betriebe mit 120 Mitarbeitern nutzen diese Startchance. Im modernen Gebäude sorgt eine großzügige **Begrünung** mit Gewächsen aus aller Welt in Verbindung mit der **modernen Haustechnik** für ein perfektes Raumklima. Die großen Glasflächen wirken als „Sonnenfallen“: Die Sonnenstrahlen erwärmen eine innenliegende, wärmespeichernde Schicht. Weitere Wärme liefern Sonnenkollektoren und das benachbarte Biomasseheizwerk. Eine Solarstromanlage erzeugt mit 10.000 kWh ein Drittel des Jahresstrombedarfs. Die Haustechnik kann nach Anmeldung besichtigt werden, die Cafeteria steht allen Besuchern offen.

ℹ Marienthaler Str. 17, Tel. 04351/7350, www.toez.de · **ÖPNV:** Ab Bhf. Eckernförde mit dem Stadtbus Linie 4 bis zum Technikzentrum.

43 Fehmarn – Windpark-Repowering

184/B2

Leistungssteigerung durch neue Anlagen

Die Ostseeinsel Fehmarn ist beispielgebend für die **Modernisierung älterer Windparks** in Deutschland. Hier wurde bereits eine große Anzahl Altanlagen durch neue, leistungsfähigere ersetzt. **„Repowering“** heißt dieser Modernisierungsprozess in der Fachsprache. Bislang wurden fünf Windparks repowert, und 112 ältere Windräder mit einer Gesamtleistung von 50 MW durch 74 neue mit einer Leistung von 166 MW ersetzt. Die Zahl der Anlagen wurde um ein Drittel reduziert. Dennoch produzieren die neuen Windräder mit rund 380 Mio. kWh Strom im Jahr **mehr als das Dreifache der Altanlagen**. Vorteile gibt es auch in der optischen Wirkung: Weniger Anlagen mit größeren Rotoren und ruhigeren, langsameren Drehbewegungen erhöhen die Akzeptanz der Windenergie – wichtig, gerade in einer Tourismusregion wie Fehmarn.

ℹ Tourismus-Service Fehmarn, Südstrandpromenade 1, 23769 Fehmarn, Tel. 04371/506-300, www.fehmarn.de · **ÖPNV:** Mit der Bahn von Hamburg über Lübeck bis Fehmarn-Burg oder Puttgarden.

Deichlandschaft im Nordwesten der Insel Fehmarn

44 Glücksburg – artefact Powerpark

183/F1

Deutschlands erster Energie-Erlebnispark

Im Glücksburger Energie-Erlebnispark nähert man sich Nachhaltigkeitsthemen auf spielerische Art: Kleine und große Forscher können radelnd Energie erzeugen, einen Lehmofen bauen, Wind machen und vieles mehr. An mehr als **30 Erlebnisstationen** kann man dem Treibhauseffekt auf die Spur kommen und Ideen zum nachhaltigen Bauen, Wohnen und Leben entwickeln. Ob Biogas oder Photovoltaik, Stirlingmotor oder Brennstoffzelle – im Powerpark gibt es **Zukunftstechnologie zum Anfassen**. Übernachtungsmöglichkeiten werden in den nubischen Lehmgewölben des Gästehauses und auf dem artefact-Gruppen-Zeltplatz in der „steckdosenfreien Zone" angeboten. Bereits 1998 bekam das artefact den **Europäischen Solarpreis**. Regenwassernutzung und ökologische Abwasserreinigung ergänzen die umweltfreundliche Haustechnik.

Im artefact Powerpark geht es spielerisch zu.

ⓘ Bremsbergallee 35, Tel. 04631/61160, www.artefact.de · **ÖPNV:** Ab Flensburg mit dem Bus 21 bis Glücksburg, Haltestelle „Bremsberg".

45 Grube – Stranddorf Augustenhof

183/H3

Ökoferien im Stranddorf

Die **30 Ferienhäuser** des Stranddorfes Augustenhof bei Dahme bei Oldenburg in Holstein sind so umweltfreundlich wie möglich gebaut. Die Dächer sind begrünt, innen sorgt Lehmputz für ein gutes Raumklima. Solarkollektoren, eine Sole-Wasser-Wärmepumpe und ein Holzpelletofen speisen die Nahwärmenetze des Feriendorfs. Im Gemeinschaftshaus gibt es ein Café und einen Naturkostladen.

ⓘ Stranddorf Augustenhof, Rosenfelderstrand, 23749 Grube, Tel. 04365/979194, www.stranddorf.de · **ÖPNV:** Abholung ab Bhf. Oldenburg (Holstein).

46 Husum – WindEnergy-Messe

183/F2

Welthauptstadt des Windes

Die charmante Hafenstadt Husum ist nicht nur als Tor zur nordfriesischen Insel- und Halligwelt bekannt. Als **„Stadt mit Weitblick"** hat sich Husum weltweit auch einen Namen in der regenerativen Energiewirtschaft gemacht. Mit der internationalen Leitmesse der Windenergie-Branche, der „HUSUM Wind", avancierte Husum zu Schleswig-Holsteins international bekanntestem Messestandort – 2010 um ein Kongress- und Veranstaltungszentrum erweitert. Die Windkraftbranche ist in der Region ein wichtiger Wirtschaftszweig. Zudem ist die internationale Messe new energy husum hier beheimatet. Mit seinem malerischen Hafen und der zentralen Lage am **UNESCO-Weltnaturerbe Wattenmeer** gehört Husum außerdem zu den abwechslungsreichsten Reisedestinationen Schleswig-Holsteins.

ⓘ Touristinfo Husum, Norderstraße 15, Tel. 04841/89870, www.husum-tourismus.de

47 Pellworm – Energie-Insel

183/E2

Ambitioniertes Energiekonzept

Die Insel Pellworm im **Nationalpark Schleswig-Holsteinisches Wattenmeer** versorgt sich schon heute zu zwei Dritteln selbst mit Energie, gewonnen aus Sonne, Biogas und Wind. Der Verein „Ökologisch Wirtschaften e. V." entwickelte das **ambitionierte Energiekonzept** der Insel. Bis zum Jahr 2020 will man sich komplett von Energieimporten unabhängig machen. Bereits im Jahr 2010 trugen die bestehenden Anlagen dazu bei, dass Pellworm CO_2-neutral wurde.

Pellworms Ziel: Bis 2020 will sich die Insel komplett mit Erneuerbaren Energien selbst versorgen.

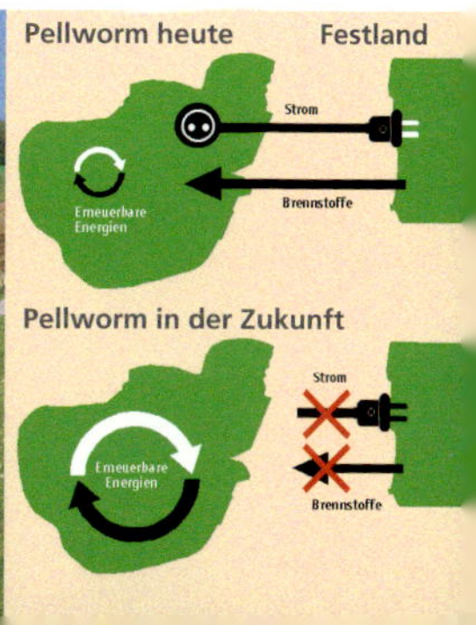

Energierundgang

Die einzelnen Anlagen können interessierte Besucher auf eigene Faust abwandern: Ein **Biomasse-Blockheizkraftwerk** mit 7 MW Leistung versorgt über ein Nahwärmenetz die Kurklinik und die Verwaltung mit Wärme. Über Wiesenwege erreicht man das **Solarkraftwerk** (778 kW_p). Dort erwartet den Besucher ein **Info-Café mit Multimediaschau**. Im informativ beschilderten **Bürgerwindpark** drehen sich acht der insgesamt 13 Windkraftanlagen der Insel, die jährlich 15.100 MWh erzeugen. Die Nordermühle, ein historischer „Zwickholländer", steht beispielhaft für die jahrhundertealte Nutzung der Windkraft.

> **! BAEDEKER TIPP**
>
> *Watt und mehr*
>
> Der Verein „Watt und mehr – Zukunftsforum Pellworm" bietet regelmäßig Informations- und Bildungsveranstaltungen für Gäste und Fachleute zum Thema regenerative Energien und ländliche Entwicklung. zukunftsforum@pellworm.de

ⓘ Kur- und Tourismusservice Pellworm, Uthlandestr. 2, Tel. 04844/18940-43, www.pellworm.de, Verein Ökologisch Wirtschaften, www.pellworm-energy.org, www.oeko-verein-pellworm.de, Uthlandestr. 7, Tel. 04844/9010 · **ÖPNV:** Ab Husum, mit den Bus bis Strucklahnungshörn/Nordstrand, dann eine halbe Stunde Überfahrt mit der Fähre.

48 Stoltebüll – Biogasanlage und Ferienhof Messer

183/G1

Der **Ferienhof Messer** nahe der Kleinstadt **Kappeln an der Schlei**, unweit der schleswig-holsteinischen Ostseeküste, verbindet Tourismus und Biogasnutzung aufs Vorbildlichste: Die 2006 errichtete **Biogasanlage** (500 kW_{el} / 500 kW_{th}) liefert Wärme für den Hof und die Ferienwohnungen sowie für Ställe, Werkstatt und eine Getreidetrocknung. Die Betreiberfamilie hat 2009 zusätzlich ein **Fernwärmenetz** ins angrenzende Dorf gelegt und beliefert seitdem Wohnhäuser, Bauernhöfe, ein Hotel und eine größere Hofanlage samt Veranstaltungshalle mit umweltfreundlicher Wärmeenergie. In der Umgebung der lieblichen Landschaft Angeln lohnen

Ideal für Familien – der Ferienhof Messer in Stoltebüll

Abstecher zur Schlei, die als Segelrevier bekannt ist, sowie zur Ostsee mit ihren herrlichen Sandstränden und Badebuchten.

ⓘ Stenneshöh, 24409 Stoltebüll, Tel. 04642/2948, www.ferienhof-messer.de, www.biogas-kanns.de · **ÖPNV:** Ab Bhf. Süderbrarup 10 km.

Im Multimar Wattforum sind die Schätze des Wattenmeeres zu bewundern.

49 Tönning – Multimar Wattforum

183/F2

Faszinierende Welt des Wattenmeers

Die ganze Welt des Wattenmeeres eröffnet sich auf faszinierende Weise im Nationalpark-Zentrum Multimar Wattforum in Tönning. In 36 **Aquarien** leben prächtige Meerestiere. Zudem kann man u. a. das Skelett eines 17 m langen **Pottwals** bewundern und mit Kamera oder Mikroskop in fremde Unterseewelten abtauchen. Das Gebäude vereint **modernste Umwelttechnik:** In die Fassade ist eine Photovoltaikanlage (6 kW_p) integriert, ein Blockheizkraftwerk liefert mittels Kraft-Wärme-Kopplung Strom und Wärme, ökologische Dämmstoffe sorgen für einen geringen Heiz- und Klimatisierungsbedarf, Regenwassernutzung trägt zum sparsamen Trinkwasserverbrauch bei.

ⓘ Dithmarscher Str. 6 a, Tel. 04861/96200, www.multimar-wattforum.de
ÖPNV: Vom Bhf. Tönning der Beschilderung folgen.

DER OSTEN

In Ostdeutschland ist der Aufbruch zu Erneuerbaren Energien vielerorts erlebbar: Wo einst Braunkohle gefördert wurde, drehen sich heute Windräder und stehen große Solarfelder.

BRANDENBURG

Brandenburg modernisiert sich von Grund auf: Wo dem Braunkohlentagebau ganze Landschaften geopfert wurden, zieht inzwischen neues Leben ein. Die „Internationale Bauausstellung Fürst-Pückler-Land" zeigte herausragende Beispiele für gelungene Renaturierungen und Neunutzungen. Das ehemalige Braunkohlenrevier wurde dabei auch zur Energielandschaft mit nachwachsenden Rohstoffen (Nr. 62).

Windenergie und Biomasse als Zukunftstechnologien

Erneuerbare Energien haben in Brandenburg große Bedeutung, zusammen deckten diese bereits 2009 43 % des Bruttostromverbrauchs. Der Wind spielt beim brandenburgischen Energiemix eine führende Rolle. Mitte 2013 waren bereits **4.900 MW Windenergieleistung** installiert – nach Niedersachsen Platz zwei im Ländervergleich, gemessen an der Leistung pro Einwohner sogar der Spitzenplatz. In Zukunft sollen rund 2 % der Landesfläche für Windparks ausgewiesen werden und der Windkraftanteil weiter steigen. Auch die anderen Erneuerbaren Energien sind auf dem Vormarsch. In Brandenburg produzieren bereits **Photovoltaikanlagen** mit über 2.600 MW installierter Leistung Sonnenstrom, es gibt mehr als 300 **Biogasanlagen** und der Rohstoff Holz wird im waldreichen Brandenburg traditionell intensiv genutzt. Die **Tiefengeothermie** spielt vor allem im dazu besonders geeigneten Norden des Landes eine Rolle. Gegenwärtig decken die Erneuerbaren Energien rund 17 % des Primärenergieverbrauchs Brandenburgs, bis 2030 sollen es nach Plänen der Landesregierung 32 % werden. Für den ambitionierten Ausbau der Erneuerbaren Energien erhielt Brandenburg von der Agentur für Erneuerbare Energien bereits drei Mal den Bundesländerpreis **LEITSTERN** verliehen (www.leitstern2012.de).

! BAEDEKER TIPP

Mühle mit Geschichte

Potsdams älteste Anlage zur Windkraftnutzung steht im Schlosspark von Sanssouci. Der Galerieholländer, ein Nachbau des Originals von 1787, kann besichtigt werden. Im Mühlenladen gibt es Mehl aus eigener Produktion. www.historische-muehle-potsdam.de

50 Angermünde – Blumberger Mühle

185/F5

NABU-Infozentrum

Das NABU-Informationszentrum macht in seiner sehenswerten Erlebnisausstellung die nachhaltige Nutzung der **Naturschätze Boden und Wasser** zum Thema. Im Außengelände sind charakteristische Lebensräume der Region nachgestaltet, im Restaurant werden regionale Spezialitäten in Bioqualität angeboten. Das Erlebniszentrum wird umweltfreundlich mit Energie versorgt: Eine 110 m² große Kollektorfläche sammelt Sonnenenergie für Warmwasser und Heizung. Die überschüssige Wärme des Sommers wird über 15 **Erdwärmesonden** 32 m tief ins Erdreich gepumpt und dort über mehrere Monate gespeichert. Bei Bedarf wird sie über eine Wärmepumpe wieder genutzt.

Blumberger Mühle 2, Tel. 03331/2604-0, www.blumberger-muehle.de · **ÖPNV:** Ab Bhf. Angermünde von April bis Oktober mit dem Biberbus, der neben der Blumberger Mühle u. a. auch die historische Altstadt von Angermünde, das Weltnaturerbe „Buchenwald Grumsin" und einen Tierpark im Rundkurs anfährt.

BAEDEKER WISSEN

Wussten Sie schon ...

... dass das größte Windenergiefeld Deutschlands sich im brandenburgischen Havelland auf der Nauener Platte befindet? Auf einer Fläche von ungefähr 10.000 Hektar stellen 176 Windenergieanlagen eine Leistung von rund 280 MW bereit. Die Anlagen erzeugen etwa so viel Strom, wie 171.000 Dreipersonenhaushalte verbrauchen.

Natur und Technik – die Blumberger Mühle

Kreatives Pflaster

Die Hauptstadt Berlin ist als äußerst kreatives Pflaster bekannt – das schließt nicht zuletzt auch den Einsatz Erneuerbarer Energien ein. Als dicht bebaute Stadt ist die Metropole wie geschaffen zur Nutzung der Sonnenenergie und der Erdwärme.

Auf dem Wasserweg lässt sich das „Solare Regierungsviertel" erkunden – auch mit dem Solarboot.

Bestes Beispiel für die Nutzung der Sonnenenergie ist das **Solare Regierungsviertel** (Nr. 54), mit dem Reichstag im Mittelpunkt, der mit Solarenergie und Erdwärme versorgt wird und ein weltweit beachtetes Vorzeigeprojekt ist. Die Sonnenkraft lässt sich in Berlin auch auf sehr angenehme Art erleben: Ein regelrechter Geheimtipp für Berlinbesucher sind die Fahrten mit den **Solarschiffen** (Nr. 55, 56) über die zahlreichen Wasserwege der Stadt – aber auch bis ins Herz des Regierungsviertels hinein. Auf den Berliner Fährlinien F11 sowie F12 werden seit 2014 Solarfähren eingesetzt. www.bvg.de

Natürlich spielt in einer Metropole wie Berlin die Kultur eine Hauptrolle. Gleich mehrere Projekte verbinden Kunst, Kultur und Ökologie aufs Vorbildlichste: Im **Tempodrom** am Anhalter Bahnhof (Möckernstr. 10, www.tempodrom.de) werden Konzerte, Theateraufführungen und Festivals aller Art veranstaltet. In eine musikalische Unterwasserwelt kann man zudem im **Liquidrom** (www.liquidrom-berlin.de)

Schwerelos schweben im Liquidrom

an selber Stelle abtauchen. Die Energieversorgung im gesamten Hause sichern Blockheizkraftwerk und Solarstromanlage.
Das **Kulturzentrum ufaFabrik** (Viktoriastr. 13, www.ufafabrik.de) in Tempelhof ist eine grüne Oase inmitten der Großstadt. Wo Anfang des vergangenen Jahrhunderts Filmklassiker wie „Metropolis" gedreht wurden, ist heute ein bunter, vielfältiger Veranstaltungsort entstanden. Gärten und Fassadenbegrünungen schaffen eine angenehm entspannte Atmosphäre. Zur Energiegewinnung dienen Solarstrommodule (73 kW_p), ein kleines Windrad sowie ein Blockheizkraftwerk mit 50 kW Strom- und 90 kW Wärmeleistung.
Wer bis spätabends Kunst-, Kultur- oder Wellnessangebote genossen hat, wird sich auf sein Bett freuen. Auch im Gastgewerbe Berlins ist vielerorts Sonnenkraft Trumpf, beispielsweise im **Solarhotel „Die Fabrik"** in Kreuzberg (Schlesische Str. 18, www.diefabrik.com): Nach einer heißen Sonnendusche kann man dort entspannt in den nächsten Tag hineinschlummern.

51 Deutsches Technikmuseum 185/E6

Das Deutsche Technikmuseum Berlin zeigt eindrücklich, wie früher ausschließlich mit Erneuerbaren Energien gelebt und gewirtschaftet wurde. Die stärksten Maschinen waren bis ins 19. Jh. windgetrieben: das **Segelschiff und die Windmühle**. Deren Geschichte wird ausführlich in der Schifffahrtsabteilung und im Museumspark dargestellt. Neben einer Bock- und einer Holländerwindmühle ist im

Windmühle im Technikmuseum

Park auch ein großes, von unten angeströmtes Wasserrad zu sehen. Der Neubau des Museums ist als **Niedrigenergiehaus** ein besonderes Besuchsziel. Informationen dazu werden – nach Anmeldung – in Führungen vermittelt.

ⓘ Trebbiner Str. 9, Kreuzberg, Tel. 030/90254-0, www.sdtb.de · **ÖPNV:** S1 und S2 bis Anhalter Bahnhof, U1 und U2 bis „Gleisdreieck" oder U7 bis „Möckernbrücke", Busse 129 und 248.

BAEDEKER TIPP !

Thematische Stadtführungen

Die Initiative SolarPolis (Tel. 0151-54228044, www.solarpolis.de) veranstaltet Stadtführungen zum Thema Energiewende mit Elektromobil oder Solarschiff. Beim „organisationsbureau berlin" (Tel. 030/2332930, www.ogb-berlin.de, www.estyle-berlin.de) können individuelle Führungen zu energieeffizienten und ökologisch ausgerichteten Gebäuden und Projekten gebucht werden.

52 **Energieforum** 185/E6

Schon der Eingang ins energetisch optimierte Bürogebäude ist spektakulär: Durch eine **gläserne Röhre** betritt man das riesige Atrium. Die **Solarmodule** auf Dach und Fassade (500 m^2) und ein Blockheizkraftwerk erzeugen Strom. Die Klimatisierung erfolgt über **200 Energiepfähle**, die bis zu 12 m tief in das Erdreich ragen. Überschüssige Wärme wird im Sommer in den Erdraum unter dem Gebäude eingebracht und im Winter mit einer Wärmepumpe zur Beheizung genutzt.

ⓘ Stralauer Platz 34, Tel. 030/23329310, www.energieforum-berlin.de · **ÖPNV:** Ostbahnhof.

53 **Hauptbahnhof** 185/E6

Der Berliner Hauptbahnhof gehört zu den architektonisch herausragenden Berliner Bauwerken der jüngeren Zeit. Vom Hamburger Architekturbüro von Gerkan, Marg & Partner als **Kathedrale des Verkehrs** geplant, besticht das riesige Gebäude durch seine Leichtigkeit und die helle, lichtdurchflutete Atmosphäre. Es gibt zwei Hauptebenen für den Bahnverkehr sowie drei Zwischen- und Geschäftsebenen. Eine der markantesten Solarstromanlagen Deutschlands ziert den Hauptbahnhof: An der Südseite des größten Kreuzungsbahnhofs Europas mit seiner 321 m langen Bahnsteighalle befinden sich auf **1.700 m^2 Dachfläche transparente Solarzellen** (189 kW_p). Ins-gesamt sind es 780 Module, die jährlich 160.000 kWh Strom erzeugen. Der Bahnhof, der täglich von 300.000 Reisenden frequentiert wird, ist somit bestes Beispiel für eine attraktive Solarenergienutzung.

ⓘ Washingtonplatz 1

Lohnend: ein Blick hinter die Röhre

Die Solaranlagen des Berliner Hauptbahnhofes spenden Schatten auf den Bahnsteigen und erzeugen gleichzeitig umweltfreundliche Energie.

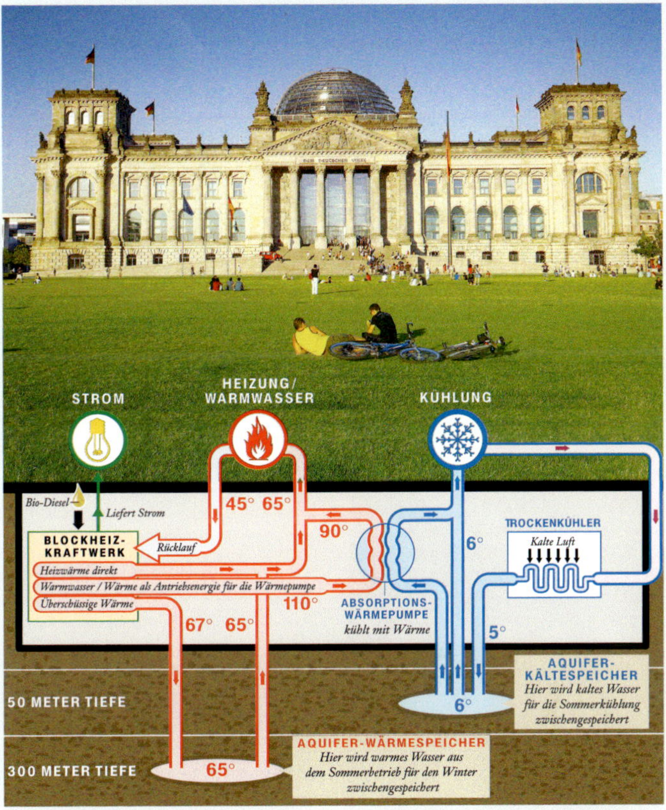

Im Untergrund des Reichstages wird unterschiedlich temperiertes Wasser zur Beheizung und zur Kühlung gelagert.

54 Regierungsviertel 185/E6

Das Zentrum der politischen Macht in Berlin wird zu großen Teilen mit Erneuerbaren Energien versorgt: Zum **„Solaren Parlamentsviertel"** wird es durch **großflächige Photovoltaikanlagen**, darunter eine direkt auf dem Reichstag. Von der Glaskuppel des Reichstages bietet sich nicht nur ein herrlicher Blick auf die Stadt: Der futuristische Rüssel im Inneren der Kuppel ist mit 360 Spiegeln verkleidet, die Tageslicht in den Plenarsaal lenken. Hinter den Spiegeln steigt verbrauchte Luft nach oben, ein Wärmetauscher gewinnt die darin enthaltene Energie zurück. Für Wärme und Strom sorgen **zwei Blockheizkraftwerke**, die mit Biodiesel betrieben werden und etwa die Hälfte des Strombedarfs der Parlamentsbauten decken. Überschüssige Wärme wird in **wasserführende Schichten**

Prof. Dr. Claudia Kemfert

Professorin am Deutschen Institut für Wirtschaft (DIW) in Berlin,
ist vom Erfolg der Erneuerbaren Energien fest überzeugt: „Eine Investition in Photovoltaik ist sicheres und gut angelegtes Geld. Auch wenn die Renditen etwas sinken, sollte das niemanden abschrecken", ermutigt die Energieökonomin. „Die Politik steht zum Ausbau umweltfreundlicher Energien. Diese Entwicklung braucht nur ihre Zeit. Mit dem Erneuerbare-Energien-Gesetz ist ein entscheidender Schritt getan, der sich auf jeden Fall lohnen wird."

Thermische Solaranlage

des Untergrundes gepumpt und bei Bedarf wieder zur Wärmeversorgung genutzt. Vor dem Parlamentsumzug hatte die Europäische Vereinigung für Sonnenenergie „Eurosolar" das Konzept zum „Solaren Parlamentsviertel" erstellt. Heute werden 15 % des Strombedarfs der Gebäude über Erneuerbare Energien gedeckt. Weltweit ist dieses Projekt einmalig – mit besonderer Symbolik für die von Deutschland ausgehende Energiewende.

ⓘ Besucherdienst, Platz der Republik 1, Tel. 030/227-32152, www.bundestag.de · **ÖPNV:** S- und U-Bahn „Brandenburger Tor" oder U-Bahn-Halt „Bundestag".

55 Solarbootpavillon 185/E6

Leise surrt der solarbetriebene Motor unter dem Katamaran, die Sonne am Langen See taucht das alte Köpenick in ein mildes Licht. Los geht das **maritim-solare Vergnügen** am weltweit einzigartigen Solarbootpavillon der Solar Water World AG am Schloss von Alt-Köpenick im Südosten Berlins. Über **20 Solarboote** stehen zum Verleih bereit – vom Zweipersonen-Katamaran bis zum Hausboot. Eine **Solarstromanlage** mit 3,7 kW_p Leistung lädt die Solarboote, sofern diese nicht gerade mit eigener Kraft unterwegs sind, am schwimmenden Solarpavillon auf.

ⓘ Müggelheimer Str. 1 d, Köpenick, www.solarbootpavillon.de · **ÖPNV:** Tram 62/63, Haltestelle „Schlossplatz".

Berlin

ⓘ Spree-Shuttle-Steg an der Oberbaumbrücke, Stralauer Allee 1, Tel. 030/611 8001, www.spree-shuttle.de

Solarboot in Köpenick

56 Spree-Shuttle 185/E6

Wer das Zentrum der Stadt solargetrieben vom Wasser aus erleben möchte, sollte das Spree-Shuttle im Friedrichshainer Osthafen entern. Der zehn Meter lange **Edelstahl-Katamaran** fährt mit der sauberen Energie seiner **Solarmodule** (1,7 kW_p) auf mehreren touristisch interessanten Touren durch die Hauptstadt.

57 Brodowin – Ökodorf im Biosphärenreservat

185/F5

Demeter-Betrieb im Biosphärenreservat

Inmitten des Biosphärenreservates Schorfheide-Chorin nördlich von Berlin liegt das **Ökodorf Brodowin**, das als großer Demeter-Betrieb geführt wird, der insgesamt 90 Mitarbeiter beschäftigt. Der Naturschutz ist den Brodowinern ein besonderes Anliegen. Besucher können im **Hofladen** Gemüse und Molkereiprodukte, frisch gebackenen Kuchen und herzhafte Brotzeiten kaufen. Der Betrieb besitzt bereits eine Solarstromanlage (243 kW_p) und soll künftig auch eine Wärmeversorgung auf regenerativer Basis erhalten. Hierzu kommen schnell wachsende Gehölze aus den Schilfzonen des nahen Sees zum Einsatz.

Ökodorf Brodowin

ⓘ Weißensee 1, 16230 Chorin, Ortsteil Brodowin, Tel. 033362/70610, und Hofladen Tel. 033362/60022 (tgl. 10–17 Uhr), www.brodowin.de · **ÖPNV:** Ab Bhf. Chorin mit Bus 912 bis Dorf Brodowin. Am Bhf. auch Fahrrad- und E-Mobil-Verleih.

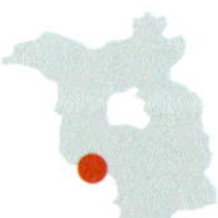

58 Feldheim – Energieautarkes Dorf

189/E1

100 % Erneuerbare Energie

Die Vision der ausschließlichen Versorgung eines Dorfes mit einem Energiemix aus Biomasse, Photovoltaik und Windkraft wurde in Feldheim, einem Ortsteil von Treuenbrietzen, Wirklichkeit. Das Dorf verfügt über eine **Biogasanlage** mit einer elektrischen Leistung von 500 kW. Die Rohstoffe werden von der örtlichen Agrargenossenschaft zugeliefert. Mit der anfallenden Wärme werden Haushalte, Viehzuchtanlagen und Gewerbebetriebe über ein autarkes Netz versorgt. Ein **Biomasseheizkraftwerk** für Holzhackschnitzel wird in Spitzenzeiten zugeschaltet.

Energiemix der Zukunft

Auf einer ehemaligen Militärliegenschaft wurden zudem 284 **nachgeführte Solarstromanlagen** errichtet, die jährlich 2.748 MWh Strom erzeugen. Komplettiert wird der Energiemix durch 43 Wind-

Das „Neue Energien Forum" soll Besucher aus nah und fern anlocken.

energieanlagen mit einer Leistung von 74 MW. Besucher können den **Windpark** Feldheim, die Biogasanlage und das Wärmeverteilzentrum besichtigen und aus der Gondel eines Windrads faszinierende Ausblicke in den Naturpark Hoher Fläming genießen. Derzeit entsteht mit dem „Neue Energien Forum" in einem historischen Vierseithof ein Besucherzentrum und vielseitiger Veranstaltungsraum um die Themen Erneuerbare Energien und Energieeffizienz, unter anderem mit einer begehbaren Windradgondel im Innenhof.

ⓘ Neue Energien Forum, Lindenstr. 11, 14929 Treuenbrietzen/OT Feldheim, www.neue-energien-forum-feldheim.de · **ÖPNV:** Märkische Regiobahn bis Treuenbrietzen, Buslinie 585 bis Feldheim.

59 Geesow – Salveymühle & Sonnenkraftwerk

185/G5

Technisches Mühlen-museum

Schon vor 750 Jahren haben die Zisterzienser im **Tal der Salvey bei Gartz** mit Wasserkraft Korn gemahlen und Holz gesägt – heute präsentiert sich die letzte noch erhaltene Mühle einer ganzen Kaskade als technisches Mühlenmuseum. In der mit Naturfarben und Lehmputz ökologisch ausgebauten **Mühlenhaus-Pension** kann man auch übernachten.

Das 200-Einwohner-Dorf Geesow war bundesweit die erste Gemeinde, die ihren Strombedarf rechnerisch komplett mit Sonnenenergie decken konnte. Das **Sonnenkraftwerk** am Ortsrand (295 kW_p) liefert mit 250.000 kWh pro Jahr so viel Strom, wie rund 70 Haushalte benötigen.

ⓘ Verein Salvey Mühle e. V., 16307 Gartz OT Geesow, Tel. 033333/30335, www.salveymuehle.de · **ÖPNV:** Bus/Bahn: Besucher werden im Bhf. Tantow (ca. 3 km) abgeholt.

Idyllisches Anwesen im Tal der Salvey

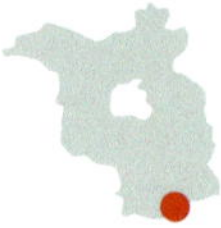

60 Klettwitz – Grüner Lausitzring

189/F3

Grüne Power für den Lausitzring

Der Lausitzring in Klettwitz unweit von Dresden ist die erste Rennstrecke Deutschlands, deren Stromversorgung ausschließlich durch Erneuerbare Energien gedeckt wird. Auf dem VIP-Parkplatz wurde eine Solarcarport-Anlage mit integrierter **Solarstrom-Tankstelle** installiert. Die Solarmodule haben eine Leistung von fast 1 MW_p und erzeugen jährlich rund 940 MWh Strom.

Wind-Power für den Lausitzring

Am Rande des Rennsportgeländes entstand eine **Biogasanlage**, die Strom ins öffentliche Netz einspeist. Zugleich fallen jährlich etwa 3.000 MWh Abwärme an, die zur Beheizung der Gebäude am Lausitzring und des angrenzenden DEKRA-Technologiezentrums genutzt werden.

Außerdem wurde hier eine der **leistungsfähigsten Windenergieanlagen der Welt** errichtet: Sie hat eine Höhe von 200 m und eine Leistung von 7,5 MW. Jährlich kann sie rund 17.000 MWh Energie liefern. Alle drei Anlagen zusammen produzieren so viel Strom, wie etwa 6.300 Haushalte verbrauchen.

ⓘ Lausitzring, Lausitzallee 1, 01998 Klettwitz, Tel. 035754/33733, www.lausitzring.de; Energiequelle GmbH, Hauptstr. 44, 15806 Zossen/OT Kallinchen, Tel. 033769/871-100, www.energiequelle.de; Deutsche Kreditbank AG, Niederlassung Potsdam, Tel. 0331/2774-4102, www.DKB.de/erneuerbare-energien · **ÖPNV:** Nächste Bahnhöfe sind Senftenberg und Großräschen.

Nina Ruge

TV-Moderatorin

„Erst wenn der letzte Baum gefällt, der letzte Fluss vergiftet, das letzte Tier getötet ist, werdet ihr merken, dass man Geld nicht essen kann. Als die Indianer Nordamerikas uns diesen Satz vor die Füße warfen, kannten sie die Klimakatastrophe noch nicht. Doch wir sind aufgewacht – diesseits und jenseits des Atlantiks zumindest. Und aufwachen reicht nicht – es hilft nur das Tun. Mein Anteil an sauberer Energie: eine nagelneue Solarthermieanlage – für Warmwasser und Heizung. Das heißt: null CO_2. Es gibt nichts Gutes – außer man tut es."

BAEDEKER WISSEN

? *Wussten Sie schon ...*

... dass die Windenergieanlage mit dem höchsten Turm in Deutschland im brandenburgischen Laasow steht? Bis zur Rotorspitze ist sie 205 m hoch, die Rotorachse befindet sich auf 160 m Höhe. Zum Vergleich: Der Kölner Dom ist 157 m hoch. Die Fuhrländer FL2500 hat eine Leistung von 2,5 MW.

61 Saalow – Scheunenwindmühle

189/E1

Weltweit einzigartig

Einmalig ist die Art der Windkraftnutzung, die sich der Landwirt Johann Schubert 1864 ausdachte. In seiner Scheunenwindmühle wird durch die in den Wänden installierten riesigen Holzmühlräder der **Luftstrom** zur Energiegewinnung **in der Scheune** genutzt. Die Mechanik der Mühle ist erhalten, wurde in Saalow südlich von Berlin in ein neues Fachwerkgebäude eingebaut und kann dort besichtigt werden.

In der kleinen Gemeinde gibt es zudem einen **Mühlenwanderweg**, eine Paltrockwindmühle, auch Faltenrockwindmühle genannt, zwei moderne Windkraftanlagen und eine Biomasseanlage. Außerdem findet man hier eine Stromtankstelle mit unterschiedlichen Anschlüssen für Elektroautos.

ⓘ Dorfaue Saalow 19, 15838 Am Mellensee, Schlüsselabholung unter Tel. 03377/302260, www.scheunenwindmuehle.de · **ÖPNV:** Bhf. Zossen, dann mit dem Bus nach Saalow.

62 Welzow – IBA-Energielandschaft

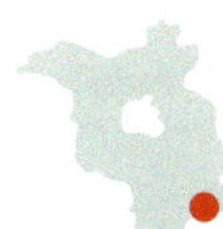

189/G2

IBA Fürst-Pückler-Land

Wie der Weg vom Braunkohlenabbau zur Energielandschaft mit **nachwachsenden Rohstoffen** aussehen könnte, wird in Welzow wissenschaftlich untersucht. Der Tagebau Welzow-Süd ist einer der wenigen noch aktiven Tagebaue im Lausitzer Braunkohlenrevier.

Elbflorenz mit Energie

Dresden ist eine Klasse für sich. Semperoper, Sixtinische Madonna oder die Schätze des Grünen Gewölbes locken Besucher aus aller Welt an die Elbe. Doch auch die Erneuerbaren Energien in der sächsischen Landeshauptstadt sind einen Besuch wert.

Mit der Kirnitzschtalbahn geht es in den Nationalpark Sächsische Schweiz.

Zu Füßen der Frauenkirche herrscht babylonisches Sprachengewirr: Englisch, Japanisch, Bayerisch – die historische Altstadt gibt sich international. Die meisten Besucher begeben sich auf die Suche nach einem Mythos, nach der barocken Stadt Canalettos, nach dem „deutschen Florenz", wie Herder die Residenz einst nannte. Dresden beeindruckt mit Baudenkmälern, mit Kunst und Kultur. Die Elbmetropole und ihre Umgebung haben aber auch in Sachen Erneuerbare Energien einiges zu bieten.

65 Bad Schandau – Kirnitzschtalbahn 189/G4

Die Kirnitzschtalbahn, die auf ihrem Weg von Bad Schandau in den Nationalpark Sächsische Schweiz zum Lichtenhainer Wasserfall unter anderem ein enges Felsental durchquert, gilt als **romantischste Straßenbahnstrecke Deutschlands**. Zur Stromversorgung wurden **Solarzellen** (40,1 kW_p) auf der Wagenhalle in Bad Schandau montiert. Diese sind ans öffentliche Netz angeschlossen und liefern im Jahr rund 30 MWh Strom, was etwa einem Viertel des Bedarfs der Straßenbahn entspricht. Bad Schandau, der älteste Kurort in der Sächsischen Schweiz, lockt mit einer weiteren Attraktion: Das **NationalparkZentrum Sächsische Schweiz** (Dresdner Straße 2 b, www.nationalparkzentrum-bad-schandau.de) ist eines der modernsten Naturschutz-Informationszentren Deutschlands. Ausstellungen und Multivisionsschauen bereiten auf einen Besuch der grandiosen Felsenlandschaft des

Nationalparks vor, dazu gibt es viele interaktive Erlebnis- und Informationsangebote.

ⓘ Oberelbische Verkehrsgesellschaft, Kirnitzschtalstr. 8, Tel. 035022/548-0, www.ovps.de · **ÖPNV:** Ab Bhf. Bad Schandau mit Bus 241 bis Haltestelle „Stadtpark", dort umsteigen in die Kirnitzschtalbahn.

66 Dresden-Hellerau – Deutsche Werkstätten 189/F4

Schon vor 100 Jahren waren die Deutschen Werkstätten in Hellerau eines der Innovationszentren ihrer Zeit. Hier wurde der **Gartenstadtgedanke** vom Gleichgewicht zwischen Stadt und Land sowie der Verknüpfung aller Lebensbereiche erstmalig in Deutschland umgesetzt. Diese Tradition wird in den neuen Atelier-Reihenhäusern aufgegriffen: Unter Gründächern sind innovative Firmen aus den Bereichen Gesundheit und Erneuerbare Energien eingezogen. Eine **Solarstromanlage** (30 kW_p) erzeugt mit rund 26.000 kWh im Jahr so viel Energie, wie sieben Haushalte verbrauchen. Besucher können an einer Anzeigetafel im Innenhof die aktuelle Stromproduktion ablesen. Gleich nebenan befindet sich der als „Schraubzwinge" bekannte Jugendstil-Komplex der historischen Werkstätten von 1910, das Kernstück der Gartenstadt Hellerau. Die Anordnung der Gebäude ermöglichte eine optimale Versorgung mit Tageslicht. Regelmäßig finden **Ausstellungen** in der Galerie und im Saal „Riemerschmid" statt. Der charmante Innenhof und die repräsentativen Tagungs- und Veranstaltungsräume gelten mittlerweile als Geheimtipp in Dresden und werden gern von Unternehmen für Veranstaltungen genutzt. Besucher können das Ensemble von außen erkunden.

Das **Festspielhaus Hellerau** (www.hellerau.org) schlägt den Bogen in eine große Vergangenheit. Gaumenfreuden bietet das **Restaurant Schmidt's** (www.schmidts-dresden.de), im Werkstätten-Casino werden einfachere Mittagsgerichte serviert. Sehenswert ist auch Karl Schmidts Holzhaussiedlung, ein Pilotprojekt des industriellen Fertighausbaus.

ⓘ Gebäude-Ensemble Deutsche Werkstätten Hellerau, Moritzburger Weg 67, Tel. 0351/8838201, www.hellerau-gb.de · **ÖPNV:** Straßenbahnlinie 8, Haltestelle „Am Hellerrand".

67 Freiberg – Konzert- und Ballhaus Tivoli 189/E4

Das Konzert- und Ballhaus Tivoli in Freiberg blickt auf eine große Geschichte zurück: Hier standen schon Ufa-Legenden wie die Comedian Harmonists auf der Bühne. Auch die Puhdys sind dem Tivoli

Atelier-Reihenhäuser in Hellerau

seit 1969 verbunden, wagten sie hier doch seinerzeit die ersten Schritte auf Bühnenbrettern. Jedes Jahr im November feiert die Band dies mit einem Konzert in ihrem Stammhaus. Im Rahmen der Sanierung des Komplexes wurde eine **Solarstrom-Gemeinschaftsanlage** auf dem Dach des Veranstaltungsortes errichtet und feierlich durch die Puhdys in Betrieb genommen. Besucher können das **Bürgerkraftwerk Tivoli** (26 kW_p, 23.000 kWh/a) besichtigen und auf einer Großanzeige die momentane Leistung, den Gesamtenergieertrag sowie die CO_2-Einsparung bis dato ablesen. Die Gaststätte des Tivoli lädt

Das legendäre Tivoli in Freiberg

in gemütlichem Ambiente zum Mittagstisch ein. Sehenswert sind in Freiberg auch die TU Bergakademie (www.tu-freiberg.de) sowie weitere Projekte der **Solarstadt** (www.freiberg-service.de).

ℹ Külzstr. 3, 09599 Freiberg, Tel. 03731/267890, www.tivoli-freiberg.de
ÖPNV: Ab Hbf. Freiberg/Sachsen mit der Buslinie E bis „Külzstraße/Ärztehaus".

Freitaler Energie-Erlebnispfad

68 Freital-Coßmannsdorf – Energie-Erlebnispfad 189/F4

Im sächsischen Weißeritzkreis führt der 40 km lange Energie-Erlebnispfad entlang der Roten und der Wilden Weißeritz zu **sechs Wasser-**

Die PUHDYS

Musiker, Ostlegenden

„Die Gemeinschafts-Solaranlage auf dem Dach des Tivoli finden wir genial. 1969 haben wir hier unser erstes Konzert gespielt, und wenn die Sonne ‚unser' Konzerthaus mit Energie versorgt, dann ist das eine zukunftsweisende Idee, die wir nur zu gerne als Schirmherren unterstützen."

BAEDEKER TIPP

Weißeritztalbahn

Eine Tour auf dem Energie-Erlebnispfad lässt sich ideal mit einer Fahrt auf der Weißeritztalbahn verbinden. Die historische, dampfgetriebene Schmalspurbahn verkehrt zwischen Freital-Hainsberg und Dippoldiswalde – an manchen Tagen sogar mit einem Märchenwagen für Kinder! Informationen zum Fahrplan und den Tarifen unter www.weisseritztalbahn.com.

kraftwerken und **zahlreichen Erlebnisstationen** – von der Solar-Drehscheibe bis zum „Gläsernen Wasserkraftwerk". Der letzte Streckenabschnitt führt dann von Tharandt vorbei an einem **Wasser-Experimentierbecken** mit Archimedischer Schraube zurück zum Ausgangspunkt der Strecke.

ⓘ Bei der ENSO Energie Sachsen Ost AG erhält man eine kostenlose Wanderkarte mit weiteren Informationen (Tel. 0800-6686868) oder kann seine Route online planen (www.enso.de/pfad) · **ÖPNV:** Es gibt zahlreiche Haltestellen entlang der Route.

Dresden

EnergieEvent Center in Leipzig

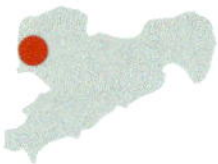

69 Leipzig – EnergieEvent Center

188/D3

Projekt der EnergieCity Leipzig

Die Energiewende „begreifbar" kommunizieren will das EnergieEvent Center (EEC) am Leipziger Hauptbahnhof (Eröffnung Frühjahr 2014). Das Projekt der EnergieCity Leipzig GmbH versteht sich als **Kompetenz-, Marketing- und Informationsplattform**. Das EEC soll als Ausstellungs-, Schulungs- und Veranstaltungsort dienen. Es will die Themen Energieeffizienz und Nachhaltigkeit, Energiewende, Klimaschutz und Anpassung an den Klimawandel für Verbraucher und Bauherren, Industrie, Gewerbe und Kommunen erlebbar machen und somit zum Handeln ermutigen. Dazu gibt es **neutrale Beratung und Schulungen** vielfältigster Art. Der Anspruch für diese „Erlebniswelt" ist es, das Thema Nachhaltigkeit unternehmerisch zu gestalten – und damit für eine breite gesellschaftliche Akzeptanz zu werben.

ⓘ EnergieCity Leipzig GmbH, Nikolaistr. 33–37, 04109 Leipzig, Tel.: 0341/3559-1627. www.energiecity-leipzig.de. · **ÖPNV:** Direkt am Hbf. Leipzig.

FRANZ ALT

TV-Moderator

„Nachhaltiges Reisen geht künftig nur mit Erneuerbaren Energien. An vielen Orten können die Reisenden sie bereits erleben. In Deutschland gibt es über 100 Regionen und Kommunen, die bereits bis 2025 zu 100 % erneuerbar sein werden. Erneuerbare Energien sind nicht alles – aber ohne Erneuerbare Energien ist alles nichts."
www.franzalt.de

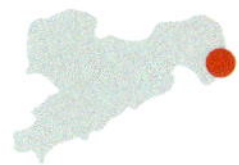

70 Ostritz-St. Marienthal – Energieökologische Modellstadt

189/H4

Vom „Schwarzen Dreieck“ zur Modellregion

Die Kleinstadt Ostritz, gelegen im Dreiländereck Deutschland–Polen–Tschechien, hat sich in den letzten Jahren von einem durch die Kohleverbrennung belasteten Ort im sogenannten „Schwarzen Dreieck“ zur „Energieökologischen Modellstadt Ostritz-St. Marienthal (EMOS)“ entwickelt. Dabei setzte die Stadt – gemeinsam mit dem Kloster und weiteren Partnern – konsequent auf die Versorgung des Ortes mit regenerativen Energien. Das **Biomasseheizkraftwerk**, das moderne Fernwärmenetz und die neun Windkraftanlagen des **Windparks** Leuba gehören zu den zentralen Bausteinen der nachhaltigen Entwicklung.

Kulturelles Zentrum

Das barocke **Zisterzienserkloster St. Marienthal** existiert seit dem 13. Jahrhundert. Es ist geistiges und kulturelles Zentrum der Region. Ein **Wasserkraftwerk** erzeugt mit einer modernen Kaplanturbine Strom für den Klosterbetrieb, nebenan wird ein historisches **Schausägewerk** von einer alten Francisturbine angetrieben. Zum Kloster gehören u. a. eine Klosterschenke, ein **Internationales Begegnungszentrum** und der Klosterladen, in dem man Produkte aus der Region erwerben kann.

ⓘ Kloster St. Marienthal, Marienthal 10, Tel. 035823/770, www.ibz-marienthal.de, Touristinfo Ostritz, Markt 1, Tel. 035823/88424, www.ostritz.de, Informationen zum EMOS-Projekt unter www.modellstadt.ibz-marienthal.de

ÖPNV: Zum Kloster St. Marienthal: von Görlitz oder Zittau mit Buslinie 21 bis Haltestelle „Ostritz St. Marienthal“; von Bernstadt mit Buslinie 44 bis Haltestelle „Ostritz Klosterschenke“ oder mit dem Zug nach Krzewina Zgorzelecka und dann ca. 2 km Fußweg.

Die Energieökologische Modellstadt Ostritz-St. Marienthal setzt Impulse für eine nachhaltige Energieversorgung.

Sonnenstrahlen werden zu Strom und Wärme

Zwei Solartechnologien bieten sich für Häuser an: Solarzellen erzeugen Strom direkt aus Sonnenlicht (Photovoltaik) und Solarwärmeanlagen erwärmen Trinkwasser oder beheizen ganze Häuser (Solarthermie).

Solarstrom wird ins öffentliche **Stromnetz** eingespeist, direkt verbraucht oder in Batterien für den **Eigenverbrauch** gespeichert.

Zelle & Modul

Jedes Solarmodul besteht aus einer Vielzahl von **Solarzellen**. Bei Silizium-Solarzellen werden in zwei unterschiedlichen **Siliziumschichten** – eine mit überwiegend positiven, die andere mit negativen Ladungen – bei Lichteinfall Elektronen in Bewegung gesetzt. Der Gleichstrom wird über Kontakte abgeleitet, in einem **Wechselrichter** zu Wechselstrom umgewandelt und vom **Einspeisezähler** registriert.

Spitzenleistung

Eine Photovoltaikanlage von acht Quadratmetern Fläche bringt bei voller Sonneneinstrahlung eine **Spitzenleistung** von etwa einem Kilowatt. Damit lassen sich hierzulande **jährlich etwa 900 Kilowattstunden** Strom gewinnen – allein auf Deutschlands Dächern gibt es rund 235.000 ha geeigneter Flächen, bislang werden davon erst 6,6 % zur Strom- oder Wärmeerzeugung genutzt.

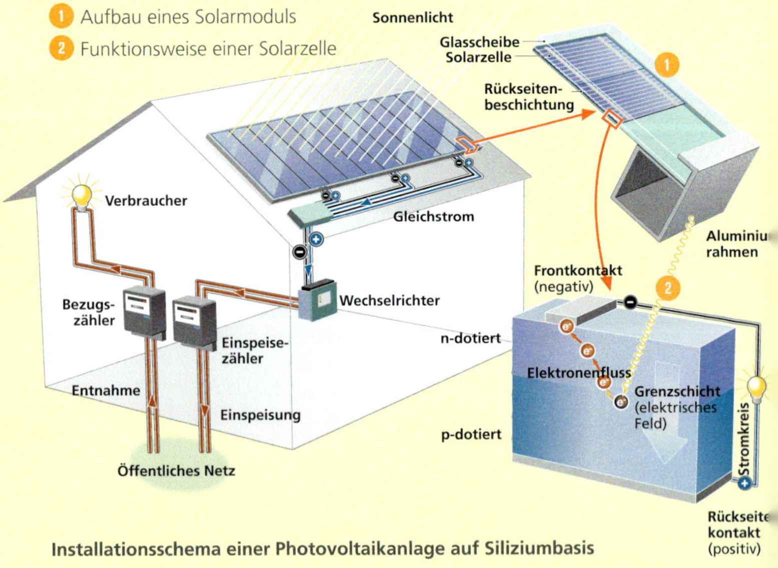

Installationsschema einer Photovoltaikanlage auf Siliziumbasis

Sonnenwärme

Eine **Solarwärmeanlage** besteht aus **Kollektoren**, worin eine **Wärmeträgerflüssigkeit** von den Sonnenstrahlen erhitzt wird. Über einen **Wärmetauscher** in der Heizungsanlage wird dann ein Speicher aufgeheizt. Eine **Kollektorfläche** von vier bis fünf Quadratmetern reicht für 60 Prozent des **Warmwassers** eines Einfamilienhauses. Bei deutlich größerer Kollektorfläche und mehr Speichervolumen kann die Solaranlage sogar zur **Heizung** beitragen.
Solarthermieanlagen lassen sich gut mit Holzpelletheizungen oder Wärmepumpen **kombinieren**. Weitere Infos unter www.solartechnikberater.de

Potenziale der Sonnenenergie

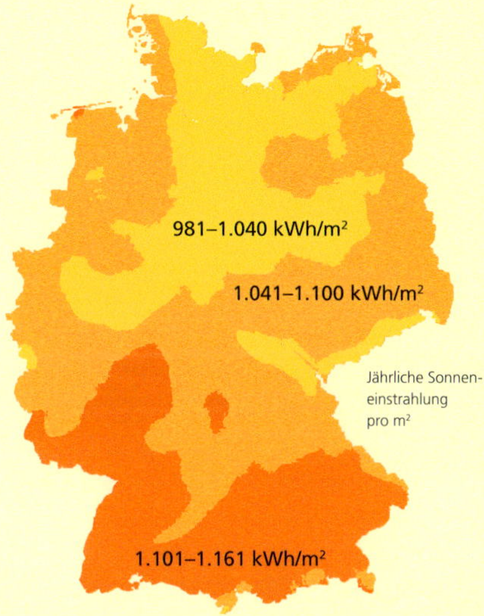

Quelle: GeoModel

Wärme von der Sonne ...

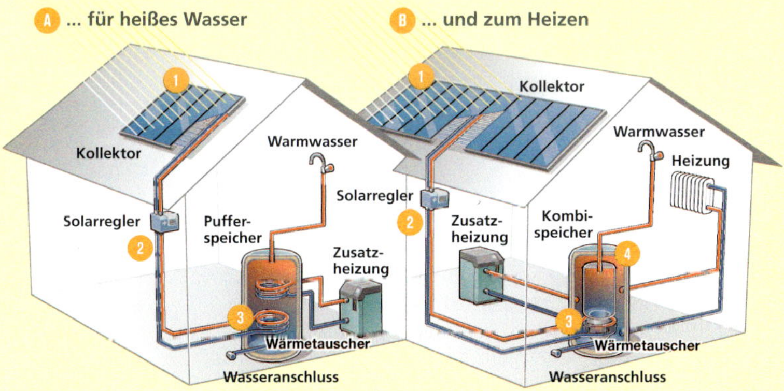

1 Sonnenstrahlen erwärmen den Kollektor und die darin enthaltene Wärmeträgerflüssigkeit.
2 Die bis zu 90 °C heiße Flüssigkeit zirkuliert zwischen Kollektor und Pufferspeicher.
3 Der Wärmetauscher gibt Solarwärme an das Wasser im Pufferspeicher ab.
4 Der Kombispeicher stellt die Wärme auch für die Raumheizung zur Verfügung.

Installationsschema einer Solarthermieanlage

SACHSEN-ANHALT

Sachsen-Anhalt ist das Bundesland mit der drittgrößten installierten Windenergieleistung Deutschlands (3.888 MW; Mitte 2013). Bezogen auf die Einwohnerzahl nimmt das Bundesland sogar Platz zwei ein. Dank der Windindustrie konnten bereits über 10.000 Arbeitsplätze geschaffen werden – auch deshalb wurde das Land 2012 mit dem LEITSTERN, dem Bundesländerpreis der Agentur für Erneuerbare Energien, in der Kategorie „Wirtschaftsmotor" ausgezeichnet.

Sonnenaufgang im Land der Frühaufsteher

In Sachsen-Anhalt konnte aber auch die Photovoltaik in den letzten Jahren deutlich zulegen. 2012 war insgesamt bereits eine Leistung von über 1.400 MW_p installiert – Sachsen-Anhalt befindet sich damit, bezogen auf die Einwohner, in der Spitzengruppe im Ländervergleich.

Sonnenflecken

Die Sonne hat hier schon seit jeher das Interesse der Menschen beflügelt: In Dessau entdeckte der **Astronom Samuel Schwabe** (1789–1875), dass die **Flecken der Sonne** in einem regelmäßigen Rhythmus auftreten – dies hat unter anderem Auswirkungen auf die Funkübertragung im Kurzwellenbereich.

Zur Nutzung der **Wasserkraft** sind in Sachsen-Anhalt lediglich Anlagen mit einer Leistung von 25 MW (2011) installiert. Dass hier noch Potenziale ungenutzt sind, zeigt ein Blick in die Historie: So gab es bereits im Mittelalter bei Magdeburg zahlreiche schwimmende Schiffsmühlen in der Elbe. Heute beginnt man dort gerade wieder, mit Forschungsprojekten zu modernen Wasserrädern diese Ressourcen neu zu erschließen.

? BAEDEKER WISSEN

Wussten Sie schon ...

... dass das älteste Sonnenobservatorium Europas bei Goseck zu besichtigen ist? Vor etwa 7.000 Jahren entstand nördlich des heutigen Naumburgs das Observatorium, das heute Teil der Tourismusroute „Himmelswege" ist. Die Tore und Durchlässe der jungsteinzeitlichen Kreisgrabenanlage stehen im Zusammenhang mit den Terminen der Sonnenwende. www.sonnenobservatorium-goseck.info

Ganz in der Nähe wurde die Himmelsscheibe von Nebra gefunden. Die 3.600 Jahre alte Bronzescheibe zeigt die älteste bislang bekannte konkrete Himmelsdarstellung der Welt, u.a. mit der Sonne bzw. dem Vollmond und dem Sichelmond. www.himmelsscheibe-erleben.de

71 Barby – Teutloff Kompetenzzentrum für Erneuerbare Energien

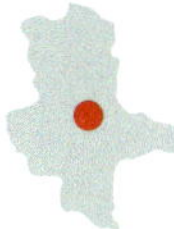

188/C2

Beim Kompetenzzentrum Teutloff in Barby laufen die Fäden zum Thema Erneuerbare Energien in Sachsen-Anhalt zusammen. Hier wird das Handwerk aus- und weitergebildet, interessierte Bürger können sich vor Ort beraten lassen. Im Kompetenzzentrum ist die ganze Vielfalt der einsetzbaren **Technologien im Betrieb** erlebbar: Flach- und Röhrenkollektoren sorgen für warmes Wasser, über dem Gebäude drehen sich zwei kleine Windräder, Wärmepumpen gewinnen Energie aus Luft, Wasser und Erde. Um den Ökohaus-Komplex schmiegt sich ein Speicherbecken, das Regenwasser sammelt und gleichzeitig Sonne auf die Fassade lenkt. Moderne Lüftungstechnik mit Wärmerückgewinnung ist ebenso zu sehen wie eine Biogas-Demonstrationsanlage und Beispiele für eine effiziente Kraft-Wärme-Kopplung.

Ein guter Ort für Aus- und Weiterbildung

Strom-erzeugende Fenster

Das **„Hermann Scheer"-Gebäude**, dessen Namensgebung an den im Jahr 2010 verstorbenen Politiker und Förderer der Solarenergie erinnert, ist u. a. mit Strom erzeugenden Fensterscheiben ausgestattet.

ⓘ Pömmelter Str. 17, Tel. 039298/29518, www.teutloff.de/sbk · **ÖPNV:** Ab Hbf. Schönebeck mit dem Bus 102 bis direkt vor das Zentrum.

72 Beetzendorf – Ökodorf Sieben Linden

184/B6

Gelebte Ökologie

Nahe dem altmärkischen Dorf Poppau ist mit dem Ökodorf Sieben Linden ein zukunftsweisendes Gemeinschaftsprojekt entstanden. Mit zurzeit 150 Bewohner/-innen (Zielgröße 250) werden seit 1997 **nachhaltige Lebensstile** in den Bereichen Ökologie, Soziales, Kultur und Ökononomie verwirklicht. In Sieben Linden gibt es verschiedene

Im Ökodorf gibt es vielfältige Bildungs- und Besuchsangebote.

Typen von Häusern in Niedrigenergiebauweise, errichtet mit ökologisch verträglichen **Baustoffen aus der Region, vor allem Strohballen**. Photovoltaikanlagen liefern rund 66 % des Strombedarfs. Der Stromverbrauch konnte durch Einsparung (v. a. Kochen/Heizen ohne Strom) auf etwa ein Drittel des Bundesdurchschnitts gesenkt werden. Die Wasserversorgung erfolgt über eigene Brunnen, die -reinigung über eine Pflanzenkläranlage. Durch Komposttoiletten ohne Wasserspülung ist der Wasserverbrauch auf ca. zwei Drittel des Bundesdurchschnitts reduziert

Projekt-Informations-Tage

In vielfältigen **Bildungs- und Besuchsangeboten** werden Erfahrungen an Interessierte weitergegeben, z. B. Projekt-Informations-Tage, Mitarbeitswochen, das Sommercamp und zahlreiche Seminare (Bauen, persönliches Wachstum, Gemeinschaft, Kommunikation u. v. m.). Am ersten Samstag im Monat (außer im Januar und August) findet das **Sonntagscafé** statt mit Kaffee und Kuchen, Führungen und Vorträgen.

ⓘ OT Poppau, Tel. 039000/51235, www.siebenlinden.de, Bürozeiten: Mo, Di, Do, Fr 9.30–12.00 Uhr, Mi 14.00–16.30 Uhr. Bei Besuch unbedingt vorher anmelden · **ÖPNV:** Von Salzwedel bzw. aus Richtung Wolfsburg/Oebisfelde mit dem Bus bis Poppau.

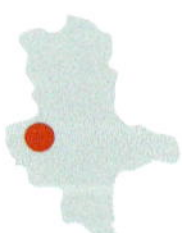

73 Dardesheim – Stadt der Erneuerbaren Energien

188/B2

Energie im Überfluss

Für eine gelungene Energiewende steht das Städtchen Dardesheim im nördlichen Harzvorland: Die zur Einheitsgemeinde Osterwieck gehörende Kommune erzeugt zehnmal mehr Energie, als sie selbst verbraucht. Rückgrat ist der **Windpark Druiberg**, der 35 Windenergieanlagen umfasst. Mit 66 MW Leistung produzieren diese jährlich rund 130 Mio. kWh. Neben der Windenergie setzt Dardesheim auf einen breiten **Energiemix**: In der „Stadt der Erneuerbaren Energien“ mit 970 Einwohnern sind zahlreiche große Dächer mit Solarstromanlagen bestückt, es werden zwei Biogasanlagen betrieben und die

Gemeinde beteiligt sich an einem Projekt zur Pufferung des Windstroms im benachbarten **Pumpspeicherkraftwerk** Wendefurth. Elektrofahrzeuge sorgen in Verbund mit der öffentlich zugänglichen **Ökostrom-Tankstelle** gegenüber dem Rathaus für umweltfreundliche Mobilität.

Auf dem Gelände der ehemaligen Radarstation am Windpark entsteht ein **Infozentrum zu den Erneuerbaren Energien** mit Aussichtspunkt zum Harz und großer Freilichtbühne für 5.000 Besucher. Weitere Anziehungspunkte in der Umgebung sind die funktionsfähige Bockwindmühle und eine historische Wassermühle in etwa 4 km Entfernung zum Windpark.

Aussichtspunkt und Freilichtbühne

ⓘ Stadtverwaltung, Am Markt 11, 38835 Osterwieck, Tel. 039421/793555, www.stadt-osterwieck.de, Energiepark Druiberg, Butterberg 157, Tel. 039422/95648, www.energiepark-druiberg.de · **ÖPNV:** Von Halle an der Saale mit der Bahn über den Bhf. Halberstadt zu erreichen. Von dort mit dem Bus weiter nach Dardesheim.

74 Dessau – Umweltbundesamt

188/D2

BAEDEKER TIPP !

Im spektakulären Gebäude des Umweltbundesamts in Dessau kann man unter anderem in der größten Fachbibliothek für Umweltliteratur im deutschsprachigen Raum stöbern. Die Fassade der riesigen Gebäudeschlange beeindruckt durch die Konstruktion aus Holz- und farbigen Glasbändern. Im Untergrund gibt es einen Erdwärmetauscher.

ⓘ Wörlitzer Platz 1, 06864 Dessau-Roßlau, Tel. 0340/2103-0 · **ÖPNV:** Bhf. Dessau.

75 Dobberkau – Energielehrpfad

184/C6

Der **Windpark Dobberkau** liegt in der malerischen Region Altmark im nördlichen Sachsen-Anhalt, nahe den Hansestädten Stendal und Tangermünde. Seit 2007 sind hier 14 Windenergieanlagen mit jeweils 2 MW Nennleistung installiert. Rund 21.000 Haushalte kann der Windpark mit klimafreundlichem Strom versorgen.

Informativer Windpark

Energielehrpfad am Windpark

Auf einem **Energielehrpfad** wird viel Wissenswertes über den Windpark selbst, aber auch über die Nutzung von Wasserkraft, Biomasse und der Solarenergie zur Strom- und Wärmeerzeugung vermittelt. So erfährt man beispielsweise, dass heutige Windenergieanlagen bis zu 50-mal mehr Strom produzieren als noch vor 20 Jahren. Weitere sehenswerte Ziele in der Umgebung sind das Waldschwimmbad Dobberkau, die einzigartige Dobberkauer Feldsteinkirche sowie die Hansestädte Stendal und Tangermünde.

ⓘ wpd think energy GmbH & Co. KG, www.wpd.de · **ÖPNV:** Vom Bhf. Hohenwulsch mit dem Bus nach Dobberkau.

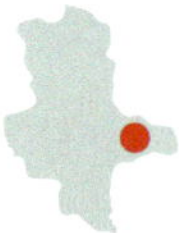

76 Gräfenhainichen – Stadt aus Eisen Ferropolis

188/D2

Konzerte und Festivals

Eine faszinierende Kulisse für Konzerte und Festivals bietet die **„Stadt aus Eisen Ferropolis"** bei Gräfenhainichen im östlichen Sachsen-Anhalt. Wo früher gewaltige Braunkohlebagger die Erde durchwühlten, ist heute ein Freilichtmuseum entstanden, das jährlich bis zu 40.000 Besucher anzieht. Auf den ehemaligen Werkshallen ist eine Solarstromanlage (210 kW_p) installiert, deren jährliche Stromerzeugung rein rechnerisch ausreicht, um ein Musikfestival komplett klimaneutral mit Energie zu versorgen.

Heavy Metal in Ferropolis

Auch beim jeden Sommer stattfindenden **Melt!-Festival** steht Klimaschutz hoch im Kurs: In einer Fahrraddisco kann man radelnd selbst Strom erzeugen. Ganzjährig sind vor Ort das **Energiemuseum** sowie das **Schülerlabor FERROLab** mit

Experimenten zu konventionellen und neuen Energien geöffnet. Ein Audio-Führer ist zudem erhältlich.

ⓘ Ferropolisstr. 1, 06773 Gräfenhainichen, Tel. 034953/35120,.www.ferropolis.de, www.meltfestival.de · **ÖPNV:** Bhf. Gräfenhainichen und weiter zum Gremminer See.

77 Halle an der Saale – Wasserkraftanlage Planena

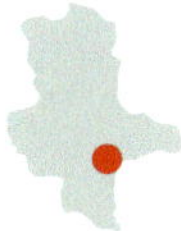

188/C3

Im Süden von Halle an der Saale, im Ortsteil Planena auf der Schleuseninsel, wurde in den Jahren 2005 und 2006 an einem bestehenden Saalewehr eine moderne Wasserkraftanlage errichtet. Die Anlage besteht aus **zwei Wasserturbinen** mit einer Gesamtleistung von 1,2 MW. Pro Jahr erzeugt sie rund 6 Mio. kWh Strom. Dies reicht aus, um über 1.700 Haushalte zu versorgen und die Umwelt gegenüber der **Stromerzeugung** durch Braunkohle um bis zu 7.250 Tonnen CO_2 zu entlasten.

Einzigartiges Fischschutzsystem

Das **Fischschutzsystem** an der Anlage ist deutschlandweit einzigartig. Neben einer Fischtreppe zum Aufstieg der Fische bietet die Wasserkraftanlage auch eine neuartige **Fischabstiegsanlage**. Gelenkt von einem besonders feinen Rechen können die Tiere bei geschlossenen Wehrfeldern über einen Bypasskanal absteigen. Damit wird an dieser Stelle der Saale erstmals nach dem Wehrbau im Jahr 1975 die biologische Durchgängigkeit wieder hergestellt. Die Wasserkraftanlage wurde von den heutigen Betreibern Martin und Andreas Kehl

Die Wasserkraftanlage Planena erzeugt saubere Energie und schützt die Fischwelt.

geplant und gebaut. Die **Deutsche Kreditbank AG** finanzierte das Projekt, das 2007 von der Deutschen Gesellschaft für Sonnenenergie mit dem Solarpreis ausgezeichnet wurde.

ⓘ Wasserkraftanlage Planena GmbH & Co. KG, Dorfstraße 17, 06132 Halle (Saale), Tel. 0345/6889340, www.wkw-halle.de · Deutsche Kreditbank AG, Niederlassung Halle, Tel. 0345/470407-251, www.DKB.de/erneuerbare-energien · **ÖPNV:** Straßenbahnlinie 5 bis „Korbethaer Straße", am gegenüberliegenden Ufer der Saale links in Richtung Schleuseninsel.

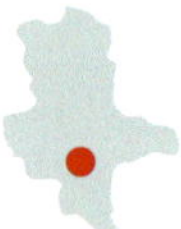

78 Hettstedt – Sonnenschloss Walbeck

188/C2

Schloss-sanierung mit Sonnen-energie

Wie mithilfe der Sonnenenergie ein gewaltiges Schloss saniert werden kann, ist am **„Sonnenschloss"** im Ortsteil Walbeck der Stadt Hettstedt zu erleben. Die neuen Besitzer des Schlosses Walbeck Heidrun und Peter Endres haben begonnen, die Dächer neu zu decken und mit **großflächigen Photovoltaikanlagen** zu versehen (geplant: 730 kW_p). Mit den Einnahmen aus dem Stromverkauf soll die weitere Sanierung des historischen Anwesens finanziert werden. Die **Denkmalpflege** fand die Idee vorbildlich und gab grünes Licht für das Vorhaben. Schloss Walbeck hat eine über 1.000-jährige Geschichte: Es war zunächst ein Kloster, später dann Rittergut und Adelssitz. Nun sollen dort anspruchsvolle Wohnungen entstehen. Die betonierten Innenhöfe verschwinden, es werden wieder Grün- und Parkanlagen angelegt, und am Südhang des Geländes sollen sogar wieder alte Rebsorten kultiviert werden. Besichtigungen des Schlosses sind nach Anmeldung möglich.

ⓘ Gutsplatz 1, 06333 Hettstedt, OT Walbeck, Tel. 07042/815932, www.sonnenschloss-walbeck.de. Übernachtungsmöglichkeit: Planteurhaus (500 m), Tel. 03476/550202 · **ÖPNV:** Bahnhöfe Aschersleben oder Hettstedt.

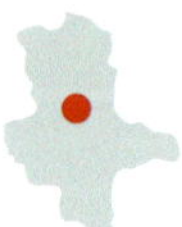

79 Magdeburg – „Windschmiede" & Schiffsmühle

188/C1

Neuer Wind in Magdeburg

Die sachsen-anhaltische Landeshauptstadt mit ihren rund 230.000 Einwohnern gilt als eine der Wiegen des deutschen Maschinenbaus. Die **Produktion von Windenergieanlagen** machte Magdeburg zur „Windschmiede" des Landes. Die Stadt strebt für die nächsten Jahre

Der Magdeburger Dom – seit über 800 Jahren das Wahrzeichen der Stadt

an, weitere Unternehmen aus dem Bereich Erneuerbare Energien anzusiedeln.
Am „Petriförder" auf Höhe der Anleger der Weißen Flotte kann man den Nachbau einer regionstypischen **Schiffsmühle** besichtigen und erfahren, wie die historischen schwimmenden Wasserkraftwerke funktionierten.

ⓘ Touristinfo, Ernst-Reuter-Allee 12, Tel. 0391/19433, www.magdeburg-tourist.de

? BAEDEKER WISSEN

Wussten Sie schon …

… dass die leistungsstärkste Windenergie-Einzelanlage in Magdeburg steht und eine Leistung von 7,5 MW hat? Die erste ENERCON-Anlage vom Typ E-126 ging 2010 in Betrieb. Inzwischen wurden Anlagen dieses Typs an mehreren Standorten errichtet. www.enercon.de

80 Zeitz – Mittelmühle

188/D4

Fünf Meter großes Wasserrad

Seit der Landesgartenschau 2004 ist der historische **Zeitzer Mühlengraben** bei Schloss Moritzburg wieder Standort umweltfreundlicher Energieerzeugung. An der Mittelmühle wurde ein **Zuppinger Wasserrad** zur Stromproduktion installiert. Die Stahl-Holz-Konstruktion mit einem Durchmesser von 5 m und einer Breite von 2 m leistet etwa 16 kW. Damit lassen sich rund 30.000 kWh Strom im Jahr erzeugen, das ist so viel, wie knapp neun Haushalte verbrauchen. Schon seit dem frühen Mittelalter sind an der Weißen Elster Wassermühlen dokumentiert. An der Mittelmühle waren mehrere Wasserräder hintereinander montiert. Noch bis 1968 erzeugten hier zwei Turbinen elektrische Energie.

ⓘ Tourist-Info, Altmarkt 16, Tel. 03441/83291, www.zeitz.de **ÖPNV:** Bushaltestelle „Geschwister-Scholl-Str.".

THÜRINGEN

Vom Höhenwanderweg Rennsteig aus erkennt man vielleicht am besten, warum Thüringen als „grünes Herz Deutschlands" bezeichnet wird: Große Flächen des Landes sind von Wäldern bedeckt. Neben dem Thüringer Wald ist in besonderem Maße das Hügelland zwischen Saale und Elster zur Holzenergienutzung prädestiniert. In den Höhenlagen spielt auch die Windenergie eine zunehmend größere Rolle.

Grünes Herz Deutschlands

Durch seine Topografie eignet sich Thüringen auch zum Bau neuer **Pumpspeicherkraftwerke**, zudem queren wichtige Netzausbauvorhaben das Land, weshalb Thüringen als eines der Schlüsselländer zum Gelingen der Energiewende gilt.
Der Norden und der Osten des Landes sind geprägt von der Landwirtschaft. Hier gibt es große Potenziale, in Biogasanlagen Strom und Wärme zu erzeugen. Die Nutzung der Wasserkraft hat in Thüringen Tradition: Schließlich war es das **Wasserkraftwerk Ziegenrück** (Nr. 86), das im Jahr 1900 die Elektrifizierung in Thüringen einleitete. Die Landesregierung hat sich zum Ziel gesetzt, bis ins Jahr 2020 den Anteil Erneuerbarer Energie am Endenergieverbrauch auf bis zu 30 % zu steigern. Bereits 2010 konnte das Land seinen Primärenergieverbrauch zu 22,5 % aus Erneuerbaren Energien decken und steht damit im Vergleich der Bundesländer an zweiter Stelle.

81 Erfurt – NaturErlebnisGarten Fuchsfarm

188/B4

Natur erleben

In der Fuchsfarm am Stadtrand von Erfurt warten mehrere **Naturerlebnisräume** auf kleine und große Entdecker: Teiche, eine **Streuobstwiese**, Fußfühlpfad, Schauimkerei, Lehmback- und Pizzaofen, Klanghölzer und **Ökogarten** bieten zahlreiche Möglichkeiten, die Natur kennenzulernen. Am Computerbildschirm können die Leistungsdaten der hauseigenen **Solaranlage** (2,2 kW_p) und die Wetterdaten der **Klimastation** eingesehen und ausgewertet werden.

Erlebnis im Grünen: die Fuchsfarm in Erfurt

🛈 Krummer Weg 101, Erfurt-Bischleben, Tel. 0361/6552552, www.erfurt.de, Förderverein: www.fuchsfarm-erfurt.de · **ÖPNV:** Stadtbuslinie 60 aus Erfurt bis Haltestelle „Rhodaer Chaussee" oder „Waldhaus".

82 Erfurt – Neue Mühle

188/B4

Erfurter Mühlentradition

Die Neue Mühle in der Innenstadt lässt die Mühlentradition Erfurts wieder aufleben. Die Getreidemühle mit Ursprung im 13. Jh. schlägt auf beispielhafte Art die **Brücke zwischen Vergangenheit und Zukunft:** Die Museumsmühle ist seit 1996 auch ein Wasserkraftwerk. Das alte Wasserrad und eine Francis-Schachtturbine treiben einen **Generator** an. Auf einer Tafel mit Funktionsschema wird angezeigt, ob die Mühle aktuell Strom ins öffentliche Netz speist. Von außen ist das Wasserrad durch ein großes Fenster zu sehen und abends wird es stimmungsvoll beleuchtet.

🛈 Technisches Denkmal und Museum Neue Mühle, Schlösserstr. 25 a, Tel. 0361/6461059, www.stadtmuseum-erfurt.de · **ÖPNV:** Straßenbahn-Haltestelle „Fischmarkt".

83 Linda bei Neustadt an der Orla – Knapp-Mühle

188/C4

Kleinkunstmühle

Bühne und Mühlencafé

Bei den Kleinkunst-Mühlenabenden von und mit Hans Knapp in seiner Galerieholländermühle aus dem Jahr 1812 geht es mehrmals im Jahr hoch her. Im vierten Stock lädt der Wohnboden mit der **„Windliebeskammer"** zum Übernachten ein, und in der für die Gäste nutzbaren Sauna gibt es eine solarbeheizte Dusche. **Mühlencafé** und Mühlenbesichtigung jeden Sonntag von März bis September.

🛈 Knapp-Mühle - Die Mühlenbühne Linda, Ortsstr. 20b, 07819 Linda bei Neustadt/Orla, www. knapp-muehle.de **ÖPNV:** Ab Bhf. Neustadt/Orla 4 km.

84 Schlöben – Bioenergiedorf

188/C4

Regional erzeugte Biomasse liefert in der 1.000-Einwohner-Gemeinde Schlöben, etwa 10 km südöstlich von Jena, Wärme und Strom. Das Bioenergiedorf hat eine **Biogasanlage** (795 kW), die drei **Blockheizkraftwerke** mit Biogas beliefert. Eine 1,6 km lange Biogasleitung führt zum Dorf, in dem auch eine **Holzhackschnitzel-Heizanlage** (500 kW) betrieben wird. Ein 5,8 km langes Wärmenetz verteilt die Wärme an rund 180 Haushalte. Finanziert wurde das Projekt über die **Bioenergie-Genossenschaft** und die **Deutsche Kreditbank AG**. Das 800 Jahre alte Schlöben ist Teil der **Bioenergieregion Jena-Saale-Holzland** und wurde 2012 als „Bioenergiedorf Deutschlands" ausgezeichnet. Die kombinierte Verlegung des Wärmenetzes und des kommunalen Breitbandnetzes war ausschlaggebend für die Verleihung des **„Ersten Zukunftspreises Thüringen"**. Besucher können nach telefonischer Voranmeldung an Führungen teilnehmen oder auf den Spuren des Lyrikers Novalis wandern, der mehrfach in Schlöben verweilte.

Biogasanlage bei Schlöben

ⓘ Am Wallgraben 20, 07646 Schlöben, Tel. 036428/42935, www.bioenergiedorf-schloeben.de, www.schloeben.de; Deutsche Kreditbank AG, Niederlassung Gera, Tel. 0365/83989-23, www.DKB.de/erneuerbare-energien
ÖPNV: Bhf. Jena Paradies, von dort Bus 443 Richtung Hermsdorf.

85 Tambach-Dietharz – Lohmühlenmuseum

188/A4

Eldorado für Technikfans

In den ehemaligen Gebäuden der Lohmühle bei Tambach-Dietharz, südlich von Gotha, ist ein Mühlenmuseum eingerichtet, in dem man die Geschichte der Mühlen entlang des Flusses Apfelstädt kennenlernen kann. Ein historisches Wasserrad treibt ein **Pochwerk** zur Verarbeitung der Lohe an und seit 1997 ist eine **Kaplan-Rohrturbine** (35 kW) in Betrieb. Der produzierte Strom wird sowohl für den Eigenbedarf verwendet als auch in das Stromnetz eingespeist. Im Technikmuseum sind die originalen Werkstätten alter Handwerkerberufe wie Kürschner, Stellmacher, Schuster, Böttcher, Glasmacher, Tischler, Drechsler und Korbmacher zu sehen. Auf dem Spielplatz kann man u. a. mit Wasserrad oder **Archimedischer Spirale** experimentieren. Auf dem Dach sorgen Sonnenkollektoren (12 m^2) für warmes Wasser. Daneben ist eine Holzhackschnitzelheizung (80 kW) im Einsatz. Ein Fahrradweg führt auf dem alten Bahndamm von Georgenthal direkt zum Lohmühlenmuseum und weiter über Tambach-Dietharz bis zum Rennsteig. In der Mühle befindet sich das Gasthaus Zur Lohmühle, es existieren zudem 40 Wohnmobilstellplätze.

Mühlengeschichte hautnah erleben

ⓘ Lohmühle 1–5, 99887 Georgenthal, Tel. 036252/460-00, www.lohmuehle.info · **ÖPNV:** Von Gotha bis Georgenthal, dann Buslinie nach Tambach-Dietharz bis Haltestelle „Lohmühle".

86 Ziegenrück – Wasserkraftmuseum

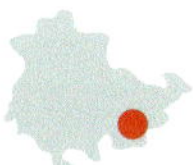

188/C5

Hochspannung im Laufwasserkraftwerk

Die Fernmühle im Saalestädtchen Ziegenrück hat eine große Vergangenheit: Schon im Jahre 1258 wurde sie hier im Thüringischen Schiefergebirge erstmals urkundlich erwähnt. Nach über 600 Jahren wurde die Mühle durch das **Laufwasserkraftwerk Fernmühle** ersetzt, das bis 1965 in Betrieb war und nach seiner Stilllegung zum Museum wurde. Seit gut zehn Jahren ist das Wasserkraftwerk reaktiviert und die Fernmühle Kraftwerk und Museum zugleich. Im **Museumsbereich** sind u. a. historische Turbinen, Armaturen und Messgeräte zu sehen. Die Ausstellung „Die Saalekaskade" zeigt die Landschaft der oberen Saale aus der Vogelperspektive. Zahlreiche **Mühlenmodelle** kann man in der Ausstellung „Wassergetriebenes Handwerk" per Knopfdruck in Bewegung setzen, im Freigelände gibt es eine Wasserrad-Modellanlage zum Experimentieren. Ein Highlight sind die täglichen Blitz- und Donnervorführungen, die im **Hochspannungsraum** gezeigt werden.

Laufwasserkraftwerk als Museum

ⓘ Lobensteiner Str. 6, Tel. 036483/7606 · **ÖPNV:** Ab Bhf. Krölpa-Ranis mit Buslinie 66.

Stetiger Kreislauf

Wasser verdunstet, wird mit dem Wind transportiert und fällt als Regen wieder zur Erde zurück. Von dort aus macht es sich auf die lange Reise über Bäche und Flüsse, bis es wieder das Meer erreicht.

Wasserkraft wurde früher in **Wassermühlen** über Wasserräder, Getriebe und Transmissionsriemen direkt vor Ort zum Mahlen, Sägen oder Hämmern verwendet – heute steht im Bereich der Wasserkraftnutzung die **Stromgewinnung** im Vordergrund. In Deutschland gibt es heute etwa 8.000 Wasserkraftwerke jeder Größenordnung, noch um das Jahr 1900 waren es zehnmal so viele. Zahlreiche stillgelegte Anlagen könnten umweltfreundlich reaktiviert oder neue gebaut werden. So gibt es an deutschen Gewässern etwa 60.000 Wehre, Schleusen oder andere Querverbauungen, von denen nur 15 Prozent durch Wasserkraftanlagen genutzt werden.

Vorhandene **Laufwasserkraftwerke** sind oft viele Jahrzehnte alt und könnten durch Modernisierungsmaßnahmen leistungsfähiger ge-

Laufwasserkraftwerk

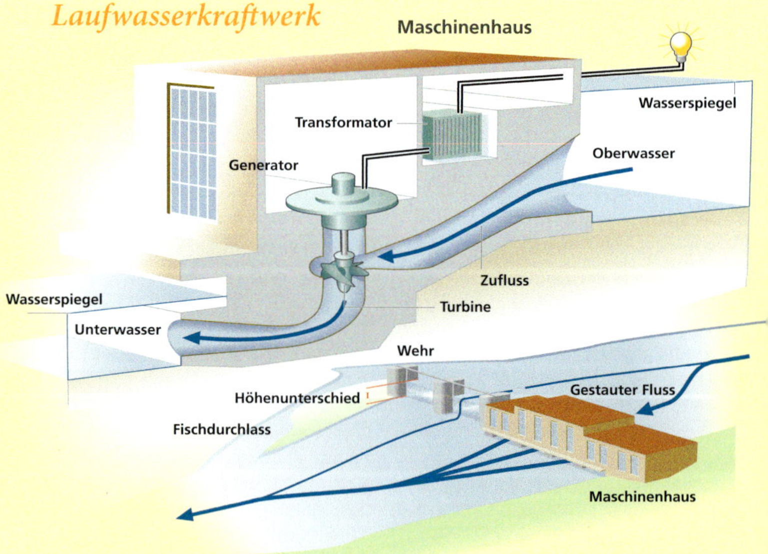

Aus fließendem Wasser in einem angestauten Fluss erzeugt ein Laufwasserkraftwerk kontinuierlich Strom. Zum Einsatz kommen in der Regel senkrecht angeordnete Kaplan-Turbinen, die bei hohem Durchfluss und geringer Fallhöhe den besten Wirkungsgrad bieten.

macht werden. Große Laufwasserkraftwerke sind jedoch nur eine Art der Energiegewinnung aus Wasserkraft – vor allem **Kleinwasserkraftanlagen** könnten in Zukunft eine neue Blüte erleben und bei entsprechender Bauausführung mit Fischtreppen und **Umgehungsgewässern** gleichzeitig bestehende Barrieren für die Wassertierwelt beseitigen helfen.

Pumpspeicherkraftwerke

Möglichkeiten zur Speicherung von erneuerbar erzeugtem Strom sind ein entscheidender Faktor für den Erfolg der Energiewende.

In Pumpspeicherkraftwerken wird bei Stromüberschuss Wasser aus dem Tal in ein höher liegendes **Speicherbecken** gepumpt, um es von dort bei Bedarf wieder herunterströmen zu lassen. Dabei wird mittels Turbinen Strom gewonnen. Große Speichermöglichkeiten haben auch klassische **Talsperren** mit Wasserkraftwerken, die bei Bedarf schnell in Betrieb gehen können und so ideal dazu eingesetzt werden können, um Spitzenlasten abzudecken. Würde man das **Ausbau- und Modernisierungspotenzial** ausschöpfen, könnte nach Angaben des Bundesverbands Deutscher Wasserkraftwerke bis 2020 ein Anteil von 5,4 Prozent (31,9 Mrd. kWh/a) am deutschen Strommix erreicht werden.

Große Wasserkraftanlagen liefern mit **Gestehungskosten** ab 3 Cent je Kilowattstunde sehr günstige Energie. Bei **Kleinwasserkraftanlagen** kostet die Kilowattstunde bis zu 20 Cent. Weitere Infos finden Sie unter: www.wasserkraft-deutschland.de

Wasserkraftwerk-Standorte

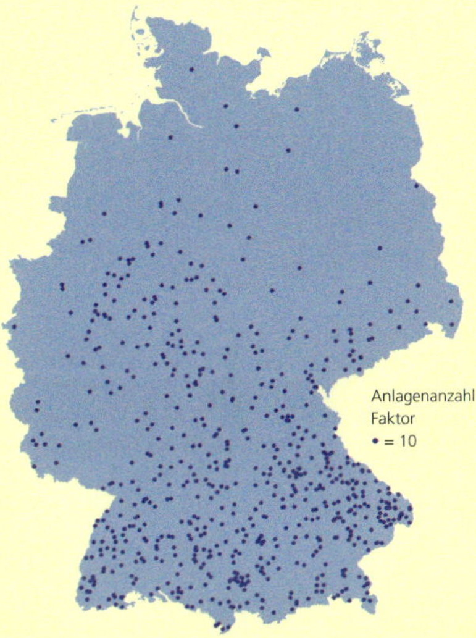

Quelle: EEG - Planen & Beraten GmbH

Regionale Verteilung der Laufwasserkraftwerke mit weniger als 5 MW Leistung in Deutschland

?

BAEDEKER WISSEN

Wussten Sie schon ...

... dass das größte Laufwasserkraftwerk Deutschlands am Oberrhein steht? Das Rheinkraftwerk Iffezheim bei Karlsruhe hat eine Leistung von 148 MW und erzeugt im Jahr soviel Strom, wie 250.000 Haushalte verbrauchen. www.enbw.com

DER WESTEN

Kohleförderung und Montanindustrie prägten jahrzehntelang weite Teile des Saarlands und des Ruhrgebiets. Die Energie der Zukunft kommt nun auch im Westen zunehmend aus Wind- und Solarparks oder modernen Biogasanlagen.

HESSEN

Hessen gehört zu den waldreichsten Bundesländern, daher bieten sich insbesondere für die Holzwirtschaft viele Möglichkeiten, die Energiewende im Land voranzubringen. In den Höhenlagen spielt auch die Windenergie eine zunehmende Rolle, derzeit werden im Jahr knapp 900.000 MWh Strom mit Wind erzeugt.

Der Kochbrunnen in Wiesbaden

Das gemeinsam mit vielen gesellschaftlichen Akteuren beim **„Hessischen Energiegipfel"** 2011/12 entwickelte Energiekonzept der Landesregierung sieht eine vollständige Deckung des Endenergieverbrauchs des Landes durch Erneuerbare Energien bis zum Jahr 2050 vor (ohne Verkehr), was einer Energiemenge von rund 48 TWh entspricht. Die Windkraft soll mit 28 TWh den größten Beitrag dazu liefern. Die mit Abstand berühmteste und populärste alternative Energiequelle des Landes sind die **heißen Quellen** der Landeshauptstadt Wiesbaden (Nr. 97). Hier zeigt sich bereits seit der Römerzeit, wie die Schätze der Geothermie erfolgreich genutzt werden können. ⓘ www.energieland-hessen.de

87 Ehrenberg-Seiferts – Rhönschaf-Hotel

187/G5

Schlafen bei den Schafen

Als Biosphärenreservat geschützt, wird die Rhön seit einigen Jahren unter dem Gesichtspunkt der Förderung der Regionalität touristisch entwickelt. Familie Krenzer vom Rhönschaf-Hotel leistet hier Pionierarbeit. Auf dem Landgut werden Rhöner Äpfel zu einer breiten Palette von Produkten, vom Apfel-Sherry bis zu Apfelchips, veredelt. Das Dach der **Schau-Kelterei** ziert eine Solaranlage. In der Restaurantküche kommen Zutaten aus der Region in Topf und Pfanne und im Hotel kann man in schöner Natur gesund nächtigen – oder im einfachen Schäferwagen, siehe Kasten rechts.

BAEDEKER TIPP !

Schäferwagen

Wie wäre es mit einer romantischen Nacht im Schäferwagen? Möglich macht's das Rhönschaf-Hotel. Dort steht der Wagen auf der Streuobstwiese und bietet ausreichend Platz für zwei Personen.

ⓘ Eisenacher Str. 24, Tel. 06683/96340, www.rhoenerlebnis.de · **ÖPNV:** Von Fulda aus mit dem Bus 24 nach Ehrenberg-Seiferts, Ulsterstraße.

88 Frankenberg – Walkemühle

187/E4

1358 erstmals urkundlich erwähnt

Die Walkemühle im hessischen Frankenberg ist schon **über 650 Jahre alt**. Das Fachwerkanwesen liegt an der Eder und wurde 1358 erstmals urkundlich erwähnt. Die Mühle diente im Mittelalter Tuchmachern, um Stoffe zu walken und Filzstoff herzustellen. Bereits 1421 wurden zwei unterschlächtige Wasserräder erwähnt. Ein historisches Wasserrad ist erhalten geblieben. Es wurde im Rahmen der Renovierung des gesamten Anwesens saniert und dient seit der Neueröffnung 2010 der **Stromerzeugung**. Das hölzerne Rad hat einen Durchmesser von 5 m und eine Breite von 2,2 m. Der Generator ist frei zugänglich (11 kW). Pro Jahr lassen sich rund 80.000 kWh Strom erzeugen. Die Anlage ist dank einer **Fischaufstiegsanlage** besonders umweltfreundlich. Die Walkemühle ist heute ein **beliebtes Ausflugsziel** und beherbergt ein Restaurant mit Café sowie einen weitläufigen **Biergarten** mit Kinderspielplatz. In der Vorweihnachtszeit öffnet an der Mühle ein romantischer Weihnachtsmarkt, zudem können Groß und Klein auf einer Eisbahn ihre Runden drehen.

ⓘ Ederstraße 20, 35066 Frankenberg, Tel. 06451/2302640, www.walkemuehle.de · **ÖPNV:** Bhf. Frankenberg, von dort etwa 2 km Fußweg entlang der Eder.

Schon über 650 Jahre in Betrieb – die Walkemühle in Frankenberg

Wälder, Wein & Wirtschaftsdynamik

Zu Füßen des Taunus öffnet sich die Rhein-Main-Ebene mit der Finanzmetropole Frankfurt, die das Zentrum einer der produktivsten und dynamischsten Regionen Europas ist.

Zwischen Rhein und Taunus gelegen, schmiegt sich die elegante Landeshauptstadt Wiesbaden in eine Talsenke. Bereits vor 2.000 Jahren blühte hier das Badewesen. An den heißen Quellen von Aquis Mattiacis fanden schon die Römer Erholung. Jenseits des Rheins im Süden liegt mit Mainz die Landeshauptstadt von Rheinland Pfalz, wo der FSV seine Bundesligaheimspiele in der topmodernen und energieoptimierten Coface-Arena (Nr. 92) austrägt.

89 Alsheim – Spielplatz Windland 190/D1

Im rheinhessischen Alsheim, 15 km nördlich von Worms, erleben Kinder im Alter zwischen drei und zehn Jahren, wie aus Wind Strom wird. Auf dem **Spielplatz „Windland"**, in Sichtweite der großen Anlagen eines Windparks, hat der **Projektentwickler ABO Wind** in Kooperation mit der Gemeinde eine stilisierte Windanlage auf einer hügeligen Wiesenfläche errichtet. Mittels einer Kurbel schlüpfen Kinder in die Rolle des Windes, setzen das Windrad in Bewegung und erzeugen selbst Strom, der in einer Batterie gespeichert und in zwei hölzernen Spielhäuschen genutzt wird.

„Windspielplatz" in Alsheim

ⓘ Spielplatz an der Dresdener Str., 67577 Alsheim, www.abo-wind.de **ÖPNV:** Bhf. Alsheim, dann ca. 300 m Richtung Altrhein.

90 Frankfurt – Ökohaus Arche 187/E6

Wer am Westbahnhof in Frankfurt aussteigt, ist nach wenigen Schritten am Ökohaus. **Der moderne Gewerbehof** wurde nach ökologischen Gesichtspunkten gebaut: Der begrünte Lichthof ist Teil einer **Naturklimaanlage** und besitzt einen kleinen „Bachlauf". Das Regenwasser wird in zwei Teichen aufgefangen, mithilfe einer **Pflanzenkläranlage** aufbereitet und wiederverwendet. Im Keller brummt ein **Blockheizkraftwerk** und liefert Strom und Wärme für das Haus. Führungen können mit der Hausverwaltung vereinbart werden. Nach dem Rundgang ist das **Arche Nova Café** der richtige Ort, um eine Pause einzulegen und die Bioküche zu genießen.

ⓘ Kasseler Str. 1 a, Tel. 069/79209784, www.oeko-net.de/oekohaus, www.arche-nova.de

91 Groß-Gerau – GEOlife Geothermie-Erlebniszentrum 187/E6

Das erste **Geothermie-Erlebniszentrum** in Deutschland bietet eine in-

Geothermie als Erlebnis

teressante **Reise ins Innere der Erde** und zeigt, wie aus **Erdwärme** Energie gewonnen wird. Neben Ausstellungsstücken wie Gesteinen gibt es sogenannte **Geophone** zum Experimentieren sowie Infofilme zu sehen. Der Energieversorger Überlandwerk Groß-Gerau präsentiert hier auch sein **Geothermie-Projekt Groß-Gerau**.

ⓘ Mo., Mi. und Sa. geöffnet. Kostenloser Eintritt. Darmstädter Str. 37, 64521 Groß-Gerau, Tel. 06152/7180. www.erdwaerme-gg.de · **ÖPNV**: Bhf. Groß-Gerau, von dort ca. 500 m.

92 Mainz – Coface-Arena 186/D6

Zusammen mit dem Hauptsponsor sowie zahlreichen Unternehmen aus der Region verfolgt Mainz 05 als Vision den Wandel des Fußballclubs zu einem **CO_2-neutralen Verein**. Das hochmoderne neue Stadion des Erstligisten, die Coface-Arena, bietet 34.000 Fans nicht nur alle Vorzüge eines modernen Veranstaltungsortes, sondern überzeugt auch in Sachen **Energieeffizienz und regenerativer Energieerzeugung**: Ein Highlight ist die **Solaranlage** auf den Dächern der Arena. Die Photovoltaikanlage mit einer Spitzenleistung von rund 850 kW_p besteht aus ca. 11.000 Modulen und erstreckt sich über eine Fläche von rund 9.000 m².

ⓘ Geschäftsstelle Mainz 05, Eugen-Salomon-Str. 1, 55128 Mainz, Tel. 06131/375500, www.coface-arena.de · **ÖPNV:** Ab Hbf. Buslinie 54 und 55 bis Haltestelle „Kisselberg/Coface Deutschland", an Spieltagen Shuttlebusse zum Hbf. und zum P&R-Parkplatz Hechtsheim-Messe.

93 Mainz – Museum für Antike Schiffahrt 186/D6

Zu den Exponaten des Museums für Antike Schiffahrt gehören **Römerschiffe**, die bei Ausgrabungen in Mainz zutage kamen. Seit der umfangreichen Sanierung präsentiert sich das Haus als **„Grünes Museum"**: Im Dach befinden sich fast 1.100 m² **semitransparente Solarmodule**, die die Exponate vor UV-Einstrahlung schützen und zudem eine Klimaanlage verzichtbar machen. Die Solaranlage mit einer Leistung von 35,4 kW_p liefert rund 29.000 kWh Strom pro Jahr.

ⓘ Neutorstr. 2 b, Tel. 06131/286630, www.rgzm.de · **ÖPNV:** Buslinien 64 und 65, Haltestelle „Römisches Theater".

9.000 m² Solaranlage auf der Coface-Arena

94 Mainz – Naturhistorisches Museum 186/D6

Das Naturhistorische Museum in der Mainzer Innenstadt besitzt ein besonderes „Schaufenster der Wissenschaft“: eine Fassade aus transparenten Solarmodulen, welche die UV-Einstrahlung reduzieren und eine einzigartige Raumatmosphäre schaffen, die sich etwa im „Café Forster“ im Erdgeschoss erleben lässt. Eine gestalterische Besonderheit ist der **historische Sandsteinerker in der Solarfassade**, der die Fassade zum echten Schmuckstück macht.

ⓘ Reichklarastr. 1, 55116 Mainz. Tel. 06131/122646, www.mainz.de/nhm/ · **ÖPNV:** u. a. Linie 6, Haltestelle „Bauhofstraße“.

95 Mörfelden-Walldorf – Solarstadtplan 187/E6

Mit einem ungewöhnlich detaillierten Solarstadtplan findet man die interessantesten **Solarstandorte** in der Gemeinde Mörfelden-Walldorf. Den **innovativen Stadtplan** gibt es **zum Download** unter www.moerfelden-walldorf.de/energie-und-klimaschutz.

96 Wächtersbach-Wittgenborn – Windpumpe Bornrad 187/F6

In Wittgenborn, einem Stadtteil von Wächtersbach im Main-Kinzig-Kreis, entwickelte sich von 1902 bis 1969 das Bornrad zum **Wahrzeichen der Gemeinde**. Das 25 m hohe Windrad am Ortseingang pumpte seinerzeit Quellwasser zu einem Wasserhochbehälter. 2007 haben Bürger ein ähnliches Windrad neu errichtet. Dieses ist 15 m hoch und pumpt Wasser von einem Reservoir in ein kleines **Kneipp-Wassertretbecken** direkt neben dem Windrad. Wissenswertes über den **Westernrotor** findet man auf Infotafeln direkt an Ort und Stelle und auf der eigens dafür eingerichteten Internetseite.

ⓘ Waldensberger Str., Höhe Haus-Nr. 99 (Ortsausgang nach Waldensberg), 63607 Wächtersbach-Wittgenborn, Tel. 06053/80255, www.bornrad.de **ÖPNV:** Bhf. Wächtersbach, von dort ca. 4 km mit dem Bus bis zur Ortsmitte.

97 Wiesbaden – Thermalquellen 186/D6

Die hessische Landeshauptstadt ist dank ihrer Thermalquellen weltbekannt: In der Innenstadt liegen fünf Hauptquellen, daneben gibt es über 20 weitere im Stadtgebiet. Das **Thermalwasser** stammt aus Tiefen von 2.000 m, die Wassertemperaturen liegen zwischen 62 und 69 °C.

Die heißen Quellen wurden schon vor 2000 Jahren von den Römern wegen ihrer **heilenden und wohltuenden Wirkung** geschätzt. Genutzt wird das Wasser aber nicht nur zum Baden: Die **geothermische**

Wasser aus der Windpumpe

Heizzentrale der Kaiser-Friedrich-Therme versorgt auch das Rathaus mit Wärme. Derzeit hat die geothermale Nutzung in Wiesbaden eine Leistung von 1,76 MW.

ⓘ Kaiser-Friedrich-Therme, Langgasse 38–40, Tel. 0611/31760, www.wiesbaden.de/baeder.

98 Wörrstadt – Mittagstisch im Schatten des Windes

186/D6

In unmittelbarer Nähe eines **Wind- und Solarparks** liegt am Unternehmenssitz der **juwi-Firmengruppe** das Betriebsrestaurant „juwitality". Die Küche zeichnet sich durch abwechslungsreiche Gerichte mit hochwertigen Produkten aus – überwiegend aus der Region, saisonal und aus biologischem Anbau. Es gibt immer mindestens ein vegetarisches Gericht, am Dienstag ist zudem „Veggiday". An warmen Tagen ist die attraktive, direkt an einem Teich gelegene Terrasse mit Blick in die rheinhessische Landschaft geöffnet.

ⓘ juwitality GmbH, Energie-Allee 1, 55286 Wörrstadt, Tel. 06732/9657-0, www.juwitality.de · **ÖPNV:** Bhf. Wörrstadt. Montag-Freitag: 11.30–14.00 Uhr Speisen im Schatten des Windes.

Betriebsrestaurant „juwitality"

Rhein-Main

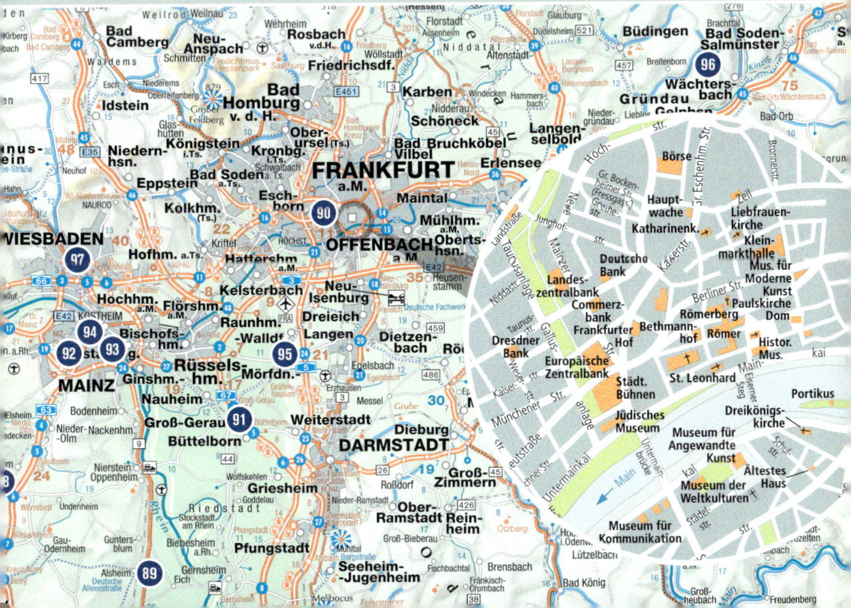

99 Fulda – Brauhaus und Hotel Wiesenmühle

187/F5

Wasserrad der Extraklasse

Das **größte Mühlrad Europas** dreht sich an der Wiesenmühle in Fulda am Rand der Fuldaauen. Die Wasserradanlage ist 6,50 m breit und hat einen Durchmesser von 6,90 m. An das gigantische Rad ist ein Generator angeschlossen, der mit 85 kW Leistung Strom für das große Anwesen erzeugt. Das Gelände umfasst ein **Restaurant mit Brauhaus** und Biergarten sowie ein Hotel mit Tagungsräumen. Nur 300 m vom Dom entfernt findet sich der Besucher in einem gastlichen Anwesen wieder, in dem man leicht die Zeit vergessen kann. Man sitzt an rustikalen Holzbänken und genießt Holzofen-Flammkuchen, knusprige Pizza oder lokale Spezialitäten. Dazu gibt es das frisch gezapfte **Wiesenmühlenbier**, regelmäßig auch Spezialbiere. Wer länger bleiben möchte, kann im Dreisternehotel in historischen Gemäuern übernachten.

Beeindruckend – das riesige Wasserrad der Wiesenmühle

Die Wiesenmühle zählt zu den **ältesten Mühlenanlagen Deutschlands**. Schon 1337 erwähnt, wurde sie 1988 zur heutigen Nutzung umgebaut. Seit 1990 dreht sich das Mühlrad wieder.

ⓘ Brauhaus und Hotel Wiesenmühle, Wiesenmühlenstr. 13, Tel. 0661/928680, www.wiesenmuehle.de
ÖPNV: Bis Fulda Hbf., dann zu Fuß oder mit ÖPNV Richtung Dom, von dort noch 300 m Richtung Fuldaauen.

100 Hohenahr – Windpark

187/E5

Zweiburgen-Extratour

Im hessischen Lahn-Dill-Bergland können Wanderer vor Ort erleben, dass Windräder und Naturschutzbelange keineswegs im Widerspruch zueinander stehen. Ein Abschnitt des 11,5 km langen Premium-Rundwanderwegs „Zweiburgen-Extratour“ zwischen Hohensolms und Großaltenstädten führt über den **Windpark Hohenahr**, den das Unternehmen **ABO Wind** 2012 errichtet hat. Sieben bis zu 200 m hohe Anlagen sind vom Wanderweg aus zu sehen. Zwei große, bebilderte Schautafeln informieren darüber, wie Windenergieanlagen funktionieren, wie sie errichtet werden und welche Naturschutzmaßnahmen getroffen werden, um den Eingriff in die Natur so gering wie möglich zu halten. Besonders der **Schutz von Fledermäusen** spielt hier eine große Rolle.

ⓘ ABO Wind AG. Unter den Eichen 7, 65195 Wiesbaden, Tel. 0611/26765-0, www.abo-wind.de · **ÖPNV:** Hohensolms, Parkplatz am Altenberg, Bus 415.

Windparkinfotafel in Hohenahr

101 Kassel – Energiepfad

187/F3

Zahlreiche Energieprojekte

Das nordhessische Kassel ist ein Zentrum der Solarenergieszene: Auf einem Energiepfad mit **32 Stationen** präsentiert die Arbeitsgemeinschaft Solartechnik Kassel e. V. verschiedene Energieprojekte, darunter eine Solartankstelle für Elektromobile am Karlsplatz.
Im **Museum Neue Mühle** werden an historischer Stelle Vergangenheit und Gegenwart der Kasseler Energieversorgung dokumentiert. Das Kraftwerk (340 kW) erzeugt mit zwei Turbinen Strom für 1.000 Haushalte. Kassel vom Wasser aus erleben kann man an Bord des kleinen **Solarboots „SonnJa"**, das jeden Sommerdienstag vom Restaurant Riverside (Auedamm 15) ablegt.

ⓘ Museum Neue Mühle, Neue Mühle 9, Tel. 0561/782-2268, www.stwks.de
ÖPNV: Buslinie 17 bis „Neue Mühle".

Umweltfreundlich – das Solarboot „SonnJa"

(102) Mörlenbach – Solardraisine Überwaldbahn

191/E1

Denkmalgeschützte Bahnstrecke

Die **weltweit erste Solardraisine** ist auf der idyllischen Strecke zwischen Mörlenbach und Wald-Michelbach im Odenwald unterwegs. Die Trasse, die 1994 für Züge stillgelegt wurde, gilt als eine der schönsten denkmalgeschützten Bahnstrecken Europas. Die rund 11 km lange Strecke führt durch zwei Tunnel und über drei Viadukte. An vielen Stellen bieten sich **beeindruckende Ausblicke** in die Landschaft. Solarzellen auf dem Dach der Fahrraddraisinen speisen einen Zusatzmotor, der die Fahrgäste beim Treten unterstützt. Das Höchsttempo beträgt 15 km/h, die Fahrzeit etwa eine Stunde. Sechs ausgewiesene Haltepunkte ermöglichen unterwegs u. a. den Besuch einer Sommerrodelbahn und eines Kletterparks.

Draisinenspaß im Odenwald

ⓘ Weinheimer Str. 16, 69509 Mörlenbach, Tel. 06209/7975345, www.solardraisine-ueberwaldbahn.de · **ÖPNV:** Bhf. Mörlenbach. Ab Wald-Michelbach verkehren Busse zurück nach Mörlenbach.

(103) Ulrichstein – Windkraftgemeinde

187/F5

Windkraft im Naturpark

Die Stadt Ulrichstein im Naturpark „Hoher Vogelsberg" ist mit 614 Metern über dem Meeresspiegel nicht nur **Hessens höchstgelegenes Städtchen**, sondern auch Ausflugsziel für Windkraft-Interessierte: Über 50 Rotoren mehrerer Betreiber drehen sich auf dem Gebiet der 3.100-Einwohner-Gemeinde. Dazu gehörten die Anlagen des bundesweit ersten Windparks, der von einer Ortsgemeinde betrieben wurde. Diese Anlagen wurden mittlerweile durch neue, effizientere ersetzt. Ein **Windenergie-Lehrpfad** informiert über Technik und

Seminarhaus Windkraft

Perspektiven der Windenergienutzung und das Fremdenverkehrsamt lädt zu Windpark-Führungen ein.

ⓘ Fremdenverkehrsamt, Marktstr. 28–32, Tel. 06645/9610-20, www.ulrichstein.de · **ÖPNV:** Vom Bahnhalt Lauterbach-Nord weiter mit Bus VB-65.

104 Wolfhagen – Bürger-Energiewende

187/F3

Energieeffiziente Stadt

Durch einstimmigen politischen Beschluss hat sich die Stadt Wolfhagen im Naturpark Habichtswald das Ziel gesetzt, den gesamten Strombedarf der rund 13.000 Einwohner bis 2015 zu **100 % aus regionalen Erneuerbaren Energien** zu decken. Mit ihrem innovativen Energiekonzept gewann die Stadt 2010 den **Förderwettbewerb „Energieeffiziente Stadt"** des Bundesministeriums für Bildung und Forschung und entwickelt in diesem Rahmen beispielhafte Konzepte für den Umgang mit Energie in einer historischen Fachwerkstadt. Als erste Kommune Nordhessens kaufte Wolfhagen das Stromnetz zurück und nahm Stromproduktion und -verteilung in die eigene Hand. Die Wolfhager Stadtwerke sind bundesweit Vorreiter in der Einbeziehung der Bürger: Die örtliche BürgerEnergieGenossenschaft (BEG) hält 25 % der Anteile am Unternehmen und ist im Aufsichtsrat vertreten.

Basis für die regenerative Versorgung Wolfhagens ist der geplante Windpark mit 12 MW Leistung am „Rödeser Berg". Er soll 2/3 der benötigten Energie bereitstellen. Bereits heute steht in Wolfhagen **Hessens größter Solarpark** – er liefert im Jahr Strom für 3.000 Haushalte. Eine Besonderheit befindet sich auf einem ehemaligen Kasernengelände – hier ist eine der größten lichtdurchlässigen Solar-Indachanlagen (193 kW_p, 4.800 m^2) installiert. Diese und viele andere Meilensteine auf dem Wolfhager Energieweg können besichtigt werden.

ⓘ Führungen: Stadtwerke Wolfhagen, Siemensstr. 10, Tel. 05692/996340, www.wolfhagen.de, www.beg-wolfhagen.de **ÖPNV:** Von Kassel mit der Regiotram bis Endstation Wolfhagen.

Wolfhagen setzt auf Wind- und Sonnenenergie.

NORDRHEIN-WESTFALEN

Nordrhein-Westfalen gilt seit der Industrialisierung als das Energieland Deutschlands. Früher war es das Land der Kohlezechen, der Großkraftwerke und der Stahlindustrie. Das bevölkerungsreichste Bundesland will sich auch als Energieland neu definieren. Dazu orientiert sich Nordrhein-Westfalen hin zu Erneuerbaren Energien und setzt dabei gezielt auf Forschung und Innovationen.

Ein Land im Wandel

Das **Projekt „50 Solarsiedlungen"** der Landesinitiative Zukunftsenergien liefert neue Impulse für den Städtebau (www.energieregion.nrw.de/solarsiedlungen). Bei der **Photovoltaik** hat Nordrhein-Westfalen bereits eine installierte Leistung von über 3.500 MW_p erreicht. Damit gehört es bundesweit zu den führenden Ländern. Ähnlich erfolgreich ist man bei der Nutzung von **Solarkollektoren** zur Wärmeerzeugung. Auch die Windenergie hat in dem ehemaligen Kohleland inzwischen einen festen Platz, Mitte 2013 waren bereits mehr als **3.250 MW Windleistung** installiert. Eine Spezialität sind die Vorkommen an **Grubengas**: Dieses fällt beim Steinkohlenbergbau an und strömt heute noch aus. An mehr als 100 Stellen könnte man künftig das Grubengas in Blockheizkraftwerken nutzen. Erstmals wurde dies im Energiepark „Mont-Cenis" in Herne realisiert (Nr. 110).

? BAEDEKER WISSEN

Wussten Sie schon ...

... dass das Informations- und Demonstrationszentrum Erneuerbare Energien (I.D.E.E.) im sauerländischen Olsberg das bundesweit größte Informationszentrum für Biowärme ist? Es steht der Öffentlichkeit als zentrale Anlaufstelle für den Energieträger Holz und weitere Erneuerbare Energien zur Verfügung. Im 1.100 m² großen Präsentationsraum für Biowärme zeigen mehr als 60 Partnerunternehmen die neuesten und modernsten Biowärmeheizsysteme und Komponenten. www.idee-nrw.de

105 Aachen – Besucheranlage Windfang

186/A4

Informativer Aufstieg

Viel Energie benötigen die Besucher, um die 300 Stufen der Wendeltreppe zu erklimmen. Doch der Aufstieg hinauf bis zur **Aussichtsplattform** der ENERCON-Windenergieanlage (Typ E-66, 1,5 MW)

lohnt sich. In 63 m Höhe genießt man einen herrlichen Blick über die Region Aachen. Im Inneren des Turms illustrieren Infotafeln und Fotografien die Anlagentechnik. Seit ihrer Errichtung im Jahre 1999 zog die Anlage bereits über 12.000 Interessierte an. Mit einer Gesamtleistung von 15 MW liefert der **Euro-WindPark Aachen** jährlich 27 Mio. kWh grünen Strom. In Sichtweite befindet sich mit der ENERCON E-17 (80 kW) ein Urgestein aus den Anfängen der modernen Windenergienutzung.

ⓘ Besichtigungstermine und Online-Anmeldeformular auf der Homepage der Arbeitsgemeinschaft „Aachen hat Energie“, www.aachen-hat-energie.de · **ÖPNV:** Buslinie 37 der Aachener ASEAG, Haltestelle „Ochsenstock“.

106 Arnsberg – Geothermie im Sport- und Solepark

186/D3

Tiefste Geothermiebohrung NRWs

Die tiefste Geothermiebohrung Nordrhein-Westfalens versorgt den Arnsberger Sport- und Solepark und das Freizeitbad NASS. So verbindet sich Klimaschutz mit Schwimmspaß und einem umfassenden Wellness-, Freizeit- und Sportangebot für die ganze Familie. Die Temperatur im 2.835 m tief liegenden Gestein beträgt rund 90 °C. Hieraus wird die Wärme mittels einer eigens entwickelten **Tiefen-Erdwärmesonde** (TEWS) an die Oberfläche gefördert. Außerdem stieß man bei der Bohrung in rd. 600 m Tiefe auf die **einzige Thermalsolequelle** im Sauerland, die jetzt ein **Natursolebecken** (32 °C) im Außenbereich speist. Das NASS bietet die komplette Wasservielfalt: ein großes **Sportbecken** mit sieben Bahnen, ein 320 m² großes **Erlebnisbecken** mit Strömungskanal, Unterwassersprudelliegen und Massagedüsen sowie heiße **Whirlpools**. In der **Saunawelt** können die Besucher zwischen elf verschiedenen Sauna- und Dampfbad-Angeboten wählen. Vom Freibereich aus zugänglich ist das Gradierwerk des Sport- und Soleparks. Es bietet das einmalige Erlebnis einer „frischen Meeresbrise“ am Rand des Naturparks Arnsberger Wald. Das NASS liegt direkt am **RuhrtalRadweg.**

ⓘ Am Solepark 15, 59759 Arnsberg-Hüsten, Tel. 02932/47573-0, www.arnsberg.de/solepark · **ÖPNV:** Bhf. Neheim-Hüsten, von dort ca. 2 km. Bushaltestelle „Stoppenkamp“.

Wasserspaß dank Erdwärme

Auf dem Weg in die Moderne

Im Ruhrgebiet dreht sich traditionell alles um das Thema Energie. Schließlich wäre es nie zur größten urbanen Agglomeration Deutschlands gekommen, wäre hier nicht Steinkohle in so großen Mengen gefunden worden.

Das EnergiePlus-Haus am Phoenix-See in Dortmund

Die im Ruhrgebiet geförderte fossile Energie hat die gesamte industrielle Entwicklung Deutschlands erst ermöglicht. Zechen und Stahlwerke sind inzwischen weitgehend Vergangenheit. Wo früher Kohle gefördert wurde und die Montanindustrie blühte, wird heute auf Erneuerbare Energien gesetzt. Die Projekte sind vielfältig und reichen vom Wissenschaftspark in Gelsenkirchen bis zum Windskulpturengarten in Herten.

107 Dortmund – EnergiePlus-Haus am Phoenix-See 186/C3

Das EnergiePlusHaus hat durch das Engagement der Dortmunder Energie- und Wasserversorgung GmbH (DEW21) und der Stadt Dortmund sein endgültiges Zuhause am Phoenix-See in Dortmund gefunden. 2007 stand es auf der Mall in Washington und gewann den **Solar Decathlon** – einen angesehenen **Architekturwettbewerb**, den internationale Studentengruppen bestreiten. Das **Solarhaus** erzeugt mehr Energie, als es verbraucht. Besucher erfahren vor Ort

BAEDEKER TIPP

Solarstadt Gelsenkirchen

Eine Tour vom Wissenschaftspark durch die „Solarstadt Gelsenkirchen" führt Sie u. a. zur Solaranlage auf einem ehemaligen Kohlebunker, zu den vier Solarsiedlungen der Stadt und zu den beiden großen Windkraftanlagen auf der Halde Scholven. www.solarstadt-gelsenkirchen.de

Der Wissenschaftspark Gelsenkirchen bietet Information und Entspannung.

individuell oder bei angemeldeten Führungen, was zum **energieeffizienten Bauen** dazugehört.

ⓘ Am Remberg 84, 44269 Dortmund, Tel. 0231/946188-60, www.energieeffizienz-dortmund.de, www.klima-ist-heimspiel.de · **ÖPNV:** Dortmund, Haltestelle „Kohlensiepenstraße".

108 Gelsenkirchen – Wissenschaftspark 186/C3

Wo früher das Thyssen-Gussstahlwerk stand, ist heute die Zukunft eingezogen: Hinter der 300 m langen Glasfassade des „Wissenschaftsparks Gelsenkirchen" arbeiten Forschungseinrichtungen und Firmen aus Wachstumsbranchen, auch aus dem Bereich der Erneuerbaren Energien. Die **EnergyLounge.NRW** informiert über Leitprojekte der **Klimaschutzregion NRW**. Auf dem **PowerBike®** kann jeder zeigen, wie viel Energie in ihm steckt. Im neuen **Schülerlabor „EnergyLab"** können Schulklassen Experimente zum Treibhauseffekt und zu Erneuerbaren Energien machen. Die große **Solaranlage** auf dem Dach (210 kW_p) ist im Rahmen von Gruppenführungen zu besichtigen.

ⓘ Munscheidstr. 14, Tel. 0209/1671000, www.wipage.de · **ÖPNV:** Straßenbahn-Linie 302, Haltestelle „Wissenschaftspark".

Sonnige Aussichten im Bergerhof

109 Hattingen – Bergerhof 186/C3

Der Bergerhof bei Hattingen am Rande des Ruhrgebietes setzt auf die Verknüpfung von Erneuerbaren Energien mit touristischen Angeboten. **„Kochen und Backen mit Sonne und Wind"** ist das Motto des Hofes: In attraktiver Landschaft erwarten den Besucher hier ein **Biergarten**, eine Landmetzgerei und ein **Hofladen**. Kinder

Das Solardach von Mont-Cenis

haben ihre Freude am Streichelzoo, am Ponyreiten und im Maislabyrinth. In direkter Nachbarschaft wurde 1991 die **erste Windenergieanlage des Ruhrgebietes** errichtet. Inzwischen gibt es eine weitere, die 1.500 Familien mit Strom versorgen kann. Auf dem Dach der Vespergaststätte befindet sich eine **Photovoltaikanlage** aus Modulen fünf verschiedener Hersteller mit einer Gesamtleistung von 10 kW_p. Besonders informativ: Seitlich am Dach angebrachte Tafeln nennen die Modultypen sowie die Leistung der einzelnen Anlagenteile.

ⓘ Bergerweg 8, 45527 Hattingen, Tel. 02324/72478, www.bergerhof.de **ÖPNV:** S-Bhf. Hattingen-Mitte, von dort ca. 10 km südlich gelegen.

110 Herne – Energiepark „Mont-Cenis" 186/C3

Auf dem Gelände einer ehemaligen Zeche in Herne entstand eines der wohl spektakulärsten Gebäude Deutschlands: die **Akademie Mont-Cenis** mit dem dazugehörigen gleichnamigen Energiepark. Der 16.000 m^2 große Glasbau beherbergt u. a. eine **Stadtteilbibliothek**, einen Bürgersaal, ein **Café** sowie die **Fortbildungsakademie** des Landesinnenministeriums. Eine **gläserne Klimahülle** bringt mediterrane Atmosphäre ins Gebäude und sorgt für ein angenehmes Raumklima. Holzterrassen, Pflanzen und Wasserflächen tragen zur **Wohlfühlatmosphäre** bei. Der Entwurf stammt von der Architektin Françoise Jourda aus Lyon. Das zwei Fußballfelder große Dach ruht auf 56 rund 130 Jahre alten Fichtenstämmen aus dem Sauerland. Dach und Südwestfassade bilden eines der **weltweit größten gebäudeintegrierten Solarkraftwerke** (1 MW Leistung, 600.000 kWh/a). Die Solarzellen sind unterschiedlich dicht gesetzt, sodass ein „Wolkeneffekt" entsteht. Gleich neben der Akade-

Jean Pütz

Der Moderator der WDR-Hobbythek hat seinen Traum verwirklicht:

„Heute habe ich zwei Plusenergiehäuser am Rande des Ruhrgebietes und beide haben Solartechnik auf dem Dach – für Solarstrom und für Solarthermie. Ich habe hier alles versucht, was man tun kann, um in Zukunft ohne CO_2-Ausstoß zu leben. Das bietet insgesamt eine Verbesserung der Lebensqualität und macht außerdem Spaß."

mie nutzt ein **Blockheizkraftwerk** das Grubengas aus einem Bergwerksschacht, um Wärme und Strom zu gewinnen.

ⓘ Akademie Mont-Cenis, Mont-Cenis-Platz 1, www.akademie-mont-cenis.de **ÖPNV:** Buslinie 311, Haltestelle „Mont-Cenis-Platz".

⑪ Herten – Windskulpturengarten 186/C2

Seit 1998 umrahmt der erste Windskulpturengarten Deutschlands die Windkraftanlage auf der Abraumhalde Hoppenbruch im Süden der Stadt Herten. **Acht Edelstahlskulpturen** symbolisieren die Kraft des Windes, Texttafeln erzählen Geschichten rund um den Wind. Vom Windskulpturengarten hat man einen guten Blick auf das **Wasserstoff-Kompetenz-Zentrum H_2Herten** (www.wasserstoffstadt-herten.de) auf dem historischen Standort der ehemaligen Zeche Ewald 1/2/7. Das Technologiezentrum wird mittels **Windstromelektrolyse** mit CO_2-frei erzeugtem Wasserstoff und Strom versorgt. Die Energie liefert das Windrad auf der Halde Hoppenbruch (1,5 MW, 2,6 Mio. kWh pro Jahr).

ⓘ Ewaldstraße/„Im Emscherbruch", www.hertener-stadtwerke.de · **ÖPNV:** Linie SB 27 (VRR), Haltestelle „Wanne-Waldfriedhof".

Ruhrgebiet

Vom Strom geprägt

Im Rheinland mit seinen beiden Metropolen Köln und Düsseldorf wird vielerorts an der Zukunft getüftelt. Einzigartig ist das Solarturmkraftwerk in Jülich.

In der Kölner Fußgängerzone kann man an einem Modehaus (Hohe Str. 128) eine attraktive 112 **Fassade aus blau schimmernden Solarmodulen bewundern.**

Auch auf der anderen Rheinseite, in der Landeshauptstadt Düsseldorf, kommen Erneuerbare Energien zum Einsatz. Das Düsseldorfer „Stadttor", der Sitz der Staatskanzlei, wurde bereits 1998 mit einem innovativen **Grundwasser-Kühlsystem** ausgestattet. Nahe dem Stadttor befindet sich die **Solarsiedlung** der Rheinwohnungsbau GmbH mit Solarthermiekollektoren, einer Lüftungsanlage mit Wärmerückgewinnung und regenerativer Luftvorwärmung über **Erdsonden**. Fassadenintegrierte Photovoltaikzellen decken einen Teil des Strombedarfs.

113 Düsseldorf – Medienhafen 186/B3

Im Hafen Düsseldorfs bilden moderne Architektur und innovative Klimaschutztechnik eine sehenswerte Einheit. Am Hafeneingang überrascht das **Gebäude des WDR** mit einer ausgeprägten Dachbegrünung. Flaniert man an den berühmten **Gehry-Bauten** am Kai entlang, so fällt das **„Haus am Wind"** auf. Das Gebäude erinnert an ein aufgeblähtes Segel und wird über **Erdwärme** beheizt.

ⓘ www.duesseldorf.de/medienhafen
ÖPNV: Vom Hbf. Buslinie 725, Haltestelle „Rheinturm", oder Straßenbahnlinie 708, Haltestelle „Franziusstraße".

Jülich – Solarturmkraftwerk

114 Jülich – Solarturmkraftwerk 186/B4

Einzigartig in Deutschland ist das **solarthermische Versuchs- und Demonstrationskraftwerk** in Jülich: Auf einem Gelände von fast 10 ha Größe befinden sich 2.153 bewegliche Spiegel mit knapp 18.000 m² Fläche. Diese „Heliostate" fokussieren das Sonnenlicht auf einen 60 m hohen Turm. An seiner Spitze erzeugt der Brennpunkt aller Spiegel auf dem rund 22 m² großen Receiver ca. **700 °C heiße Luft**. Damit kann Dampf und – über eine Turbine mit 1,5 MW Leistung – letztlich Strom erzeugt werden. Im Turm befinden sich ein **Wärmespeicher** und eine **Forschungsplattform**, auf welche die Spiegel bei **Materialtests** alternativ ausgerichtet werden können. Das **Deutsche Zentrum für Luft- und Raumfahrt (DLR)** entwickelt hier in Zusammenarbeit mit Zulieferern Einzelkomponenten und Verfahren, die in Solarkraftwerken im Sonnengürtel der Erde zum Einsatz kommen sollen.

ⓘ Im Langenbroich 24, 52428 Jülich, www.solarturm-juelich.de · **ÖPNV:** Bhf. Jülich.

115 Leverkusen – NaturGut Ophoven 186/C4

Das NaturGut Ophoven mit seinem **Kinder- und Jugendmuseum „EnergieStadt"** ist ideal für einen Familienausflug. Im Museum EnergieStadt ist die Ausstellung „EnergieStadt unterwegs – Die Suche nach dem Klimaglück" zu sehen. Draußen gibt es u. a. einen **„Weg der Sinne"** und einen **Walderlebnispfad**. Auf dem Dach des Gewächshauses befindet sich eine Solarstromanlage in Form von Blitzen. Direkt daneben steht die riesige **Solarblume**, die ihren Kopf ganz langsam mit dem Stand der Sonne dreht. Nach Ausstellungsbesuch und Geländerundgang kann man sich im BioBistro stärken.

Leverkusen – NaturGut Ophoven

ⓘ Talstr. 4, Tel. 02171/73499-0, www.naturgut-ophoven.de · **ÖPNV:** Ab Bhf. Leverkusen-Opladen etwa 10 Min. zu Fuß.

Rheinland

Wunderland Kalkar – Freizeitparkvergnügen auf dem Gelände des nie in Betrieb gegangenen „Schnellen Brüters"

116 Kalkar – Wunderland Kalkar

186/B2

Freizeitpark im Schnellen Brüter

Ein Vergnügen der ganz besonderen Art bietet das **Wunderland Kalkar**. Auf dem Gelände des nie in Betrieb gegangenen Atomkraftwerks „Schneller Brüter" ist ein **Freizeitpark** entstanden, der jährlich eine halbe Million Besucher anzieht. Ein Attraktion ist der **42 m hohe Kühlturm**, der außen mit einer Berglandschaft bemalt wurde und als **Kletterwand** dient. Im Inneren schraubt sich ein Karussell in die Höhe und ermöglicht oberhalb des Kühlturmrandes einen weiten Blick in die Umgebung.

Der Park bietet 40 Fahrgeschäfte, eine neue 6.000 m² große Messehalle, Restaurants und mehrere Hotels. Derzeit werden **mehrere Photovoltaikanlagen** mit etwa 1 MW_p auf den Gebäuden installiert. Der Betreiber plant des Weiteren, mehrere große Windenergieanlagen mit rund 100 m Nabenhöhe zu errichten.

Im **„Brütermuseum"** kann man die wechselvolle Historie des Geländes nachvollziehen.

ⓘ Griether Str. 110-120, 47546 Kalkar, Tel. 02824/9100, www.wunderlandkalkar.eu · **ÖPNV:** Bahnhöfe Emmerich, Goch, Kleve, Rees oder Xanten.

BAEDEKER TIPP !

117 Klimapark Rietberg

187/E2

Auf spielerische Weise wird im **Klimapark** über den Klimawandel und Erneuerbare Energien informiert. Besonderheiten sind ein **begehbarer Biomassefermenter** sowie ein Ausstellungsgebäude, das sich mit der Sonne dreht. **Solaranlagen** und eine **300 m tiefe Geothermiebohrung** gewährleisten die weitgehend autarke Energieversorgung des Parks. Führungen und Schülerprogramme auf Anfrage.

ⓘ Stennerlandstr. 1, 33397 Rietberg, Tel. 05244/986-292, www.klimapark-rietberg.de · **ÖPNV:** Bahnhöfe Gütersloh, Rheda-Wiedenbrück oder Lippstadt, Busverbindung zum ZOB nach Rietberg.

118 Schmallenberg – Bioenergiedorf Ebbinghof

186/D3

Innovatives Sauerland

Das Bioenergiedorf Ebbinghof ist ein kleiner Ortsteil der Stadt Schmallenberg im Hochsauerlandkreis. Der Ort verfügt über ein **nachhaltiges Energiekonzept**, um Strom und Wärme CO_2-neutral zu erzeugen: Die **Biogasanlage** nutzt insbesondere Gülle und an-

Im Bioenergiedorf spielen Erneuerbare Energien eine große Rolle – hier das Familotel in Ebbinghof.

fallende Reststoffe aus den landwirtschaftlichen Betrieben des Ortes, die erzeugte Wärme wird über ein neu verlegtes Nahwärmenetz an die fünf Höfe verteilt.

Familien-freundlich

Familien mit Kindern bietet sich ein Aufenthalt im **„Familotel"** an: Im Bauernhof aus dem vorletzten Jahrhundert kümmern sich ausgebildete Kindererzieherinnen um den Nachwuchs, während die Eltern etwa in der Sauna oder bei einer Massage entspannen. Nebenbei lernen Eltern und Kinder so einiges über Tiere, die Natur und Erneuerbare Energien. Unter anderem gibt es auf dem Hof eine Photovoltaikanlage mit 32 kW_p Leistung.

ⓘ Familotel, Ebbinghof 5, Tel. 02972/9755-0, www.familotel-ebbinghof.de, www.ebbinghof-live.de · **ÖPNV:** Vom Bhf. Altenhundem mit dem Bus nach Schmallenberg, von dort 3 km mit dem Taxi.

119 Tonnenheide – Energiedorf

187/E1

Synergie im Mühlenkreis

Perspektiven für die Zukunft hat sich das 1.700-Einwohner-Dorf Tonnenheide im „Mühlenkreis" Minden-Lübbecke erschlossen: Auf dem Pfarrhaus wurden Sonnenkollektoren, auf der Christuskirche eine Solarstromanlage installiert. Eine **Biogasanlage** produziert jährlich mehr als 1.000 MWh Strom – genug für 280 Haushalte. Als Anschauungsobjekt für die Auszubildenden haben ortsansässige Handwerker das **„Synergiehaus"** gebaut, ein ortstypisches Haus, das besonders wenig Energie verbraucht.

ⓘ Verein Energiedorf Tonnenheide, Küthe 22, 32369 Rahden-Tonnenheide, Tel. 05771/2055 · **ÖPNV:** Bhf. Rahden.

? BAEDEKER WISSEN

120 *Wuppertal – „Hauptstadt der Elektromobilität"*

186/C3

Die Stadt der Schwebebahn wurde von der NRW-Landesregierung zur „Hauptstadt der Elektromobilität" ernannt. Binnen kürzester Zeit nach Projektstart waren Wuppertaler Bürger mit den ersten 100 Elektrofahrzeugen auf der Straße. Außerdem wurden zahlreiche Ladestellen für Elektrofahrzeuge in und um Wuppertal installiert. Ein wesentlicher Auslöser dafür war das Projekt „W-EMOBIL 100". Infos unter: emobil.wuppertal-aktiv.de.

RHEINLAND-PFALZ

Rheinland-Pfalz verfügt über reiche Waldbestände: Der Pfälzerwald ist das größte zusammenhängende Waldgebiet Deutschlands, dazu kommen die Forste von Hunsrück, Eifel und Westerwald, die große Potenziale, etwa zur Produktion von Holzpellets, bieten. Das Land der Reben kennt mit den „Tresterpellets" zudem eine intelligente Form der önologischen Resteverwertung zur Wärmeerzeugung.

Windkraft und Geothermie

Windenergie spielt in Rheinland-Pfalz an vielen Stellen eine führende Rolle: Vor allem in den Höhenlagen von Eifel, Hunsrück oder Westerwald herrschen Windgeschwindigkeiten, die mit Küstenstandorten vergleichbar sind. Da wundert es nicht, dass Rheinland-Pfalz bei der Errichtung neuer Windenergieanlagen im ersten Halbjahr 2013 (65 St.) gemeinsam mit Niedersachsen den Spitzenplatz erobert hat. Aufgegebene Militärstandorte der Alliierten bieten zudem weiträumige Flächen für **Solarkraftwerke**. Das **Erdwärmepotenzial** ist ebenfalls bedeutend: Das 1.000-Fache des Stromverbrauchs könnte allein aus dem Oberrheingraben in der Süd- und Vorderpfalz gedeckt werden – die ersten Kraftwerke sind in Landau und Insheim in Betrieb. Die **Wasserkraft** wird unter anderem durch Turbinen entlang der Mosel genutzt.

121 Alsenz-Obermoschel – Windenergielehrpfad

190/D1

Informativer Windpark

Auf einem 3 km langen Windenergielehrpfad am **Windpark „Lettweiler Höhe"** bei Alsenz-Obermoschel-Rehborn erfährt man auf Infotafeln viel Wissenswertes über die Region und die Technik der Windkraftanlagen. Der Windpark bestand ursprünglich einmal aus 11 Anlagen mit einer Gesamtleistung von 16,25 MW und erzeugte jährlich rund 30 Mio. kWh Strom. Heute – nach dem Abbau von neun alten Anlagen sowie der Errichtung weiterer moderner Windräder durch die juwi-Gruppe – besteht der Windpark aus 19 Anlagen mit einer Gesamtleistung von knapp 50 MW. Die jährliche Energieproduktion in Höhe von über 140 Mio. kWh reicht für den Jahresbedarf von etwa 40.000 Haushalten.

ⓘ Tourist-Info, Schulstr. 16, Tel. 06362/3030, www.alsenz-obermoschel.de
ÖPNV: Nächster Bhf. Alsenz.

122 Birkenfeld – Umwelt-Campus

190/C1

Technik erleben

Der Umwelt-Campus Birkenfeld wurde 1996 als Standort der Hochschule Trier gegründet und ist ein **Null-Emissions-Campus**, der seinen Strom- und Wärmebedarf komplett durch Erneuerbare Energien deckt. Besucher können über den Campus flanieren und die Solarstromanlagen an den Fassaden besichtigen. **Digitalanzeigen** dokumentieren die Stromerträge der Anlagen.

Lüftungsanlage mit Wärmerückgewinnung

Zur CO_2-neutralen Energieversorgung gehören neben den großen **Photovoltaikanlagen** (485 kW_p) auch **Solarthermieanlagen zur Heizungsunterstützung** und zum Betrieb einer Adsorptionskältemaschine sowie eine zentrale Lüftungsanlage mit integrierter Wärmerückgewinnung und Vortemperierung der Luft durch **Erdkollektoren**. Das größte Institut auf dem Campus ist das **Institut für angewandtes Stoffstrommanagement** (IfaS). Dieses erforscht weltweit, wie regionale Wertschöpfung durch intelligente Nutzung lokaler Stoffströme zu erzielen ist (www.stoffstrom.org).

Für das leibliche Wohl auf dem Campus sorgt das Restaurant Culinaria. Gäste finden Unterkunft im Tagungshotel Vicinity (www.campus-company.eu).

ⓘ Campusallee, 55768 Neubrücke, Tel. 06782/171819, www.umwelt-campus.de, Besucherführungen werktags nach Anmeldung · **ÖPNV:** Bhf. Neubrücke (Nahe).

Umwelt-Campus: Grünste Hochschule Deutschlands

⓬⓷ Fischbach bei Dahn – Biosphärenhaus

190/C2

Erlebnisausstellung

Im Biosphärenhaus macht die Erlebnisausstellung die Landschaftsräume des **Biosphärenreservats Pfälzerwald/Nordvogesen** begreifbar, im Außengelände kann man mehrere Naturerlebnispfade

> **! BAEDEKER TIPP**
>
> ***Baumwipfelpfad***
>
> Bäume von unten und oben kennenlernen – so macht Lernen Spaß! Am Biosphärenhaus in Fischbach wandern die Besucher in 12 bis 35 m Höhe durch die Wipfel: Deutschlands erster Baumwipfelpfad ist fast 300 m lang und bietet zahlreiche Mitmachstationen, bevor es auf der Riesenrutsche wieder hinuntergeht.

erforschen. Das gesamte Gebäude, ein riesiger Glaswürfel, wird ausschließlich mit Erneuerbaren Energien beheizt: Auf dem Dach ist eine 250 m^2 große **Solarwärmeanlage** montiert, eine **Wärmepumpe** entzieht zusätzlich dem Grundwasser Wärmeenergie. Zwischengespeichert wird sie in einem 120.000 l fassenden **erdgedeckten Wasserspeicher**. Im Hofladen gibt es regionale Produkte aus dem Biosphärenreservat.

ⓘ Am Königsbruch 1, Tel. 06393/92100, www.wipfelpfad.de · **ÖPNV:** Ab Bhf. Hinterweidenthal mit dem Bus zum Biosphärenhaus.

⓬⓸ Großlittgen – Abtei Himmerod

186/B6

Kunst und Kultur erwarten den Besucher in der **Abtei Himmerod** in Großlittgen nordöstlich von Bitburg. Bereits im Jahr 1134 wurde die Abtei in der **Vulkaneifel** durch Bernhard von Clairvaux gegründet. In der „Alten Mühle" kann man unter anderem das historische Mahlwerk bewundern und das **Zisterziensermuseum** besuchen. Im **Klosterladen** werden Klosterprodukte angeboten, in der Fischerei frisch geräucherte Forellen aus den Klosterteichen. Zudem lockt die Klostergaststätte mit frischem Abteibier und regionalen Spezialitäten. In der Energieversorgung setzen die Mönche auf Erneuerbare

Energie: Geheizt wird überwiegend mit **Holzhackschnitzeln**. Für Strom sorgt eine **Wasserkraftanlage** (20 kW). Die vorbeiströmende Salm liefert bei optimalem Wasserstand so viel Strom, wie 17 Haushalte verbrauchen.

ⓘ Himmerod 3, 54534 Großlittgen, Tel. 06575/95130, www.kloster-himmerod.de, Übernachtungsmöglichkeiten im Kloster · **ÖPNV:** Bus ab Wittlich.

Weitere Reiseziele aus dem Rhein-Main-Gebiet finden Sie im Metropolen-Special auf S. 106

125 Marienstatt – Zisterzienserabtei

186/D4

Energie aus Sonne und Wasser

Die Sonne und die Kraft des Flüsschens Nister versorgen auch die Abtei Marienstatt bei Hachenburg im Westerwald mit Energie. Bereits 1914 nutzte man den Mühlbach für eine Wasserkraftanlage. Heute erzeugt das moderne **Wasserkraftwerk** so viel Energie, wie 140 Haushalte im Jahr verbrauchen (500.000 kWh/a). Die Nister wird aber auch zum Heizen genutzt, indem ihr über Wärmepumpen Energie entzogen und ins **Kloster-Nahwärmenetz** einspeist wird. Zusätzlich liefert eine Solarstromanlage auf dem Turbinenhaus Strom (3.000 kWh/a) – die Daten können auf einer Tafel im benachbarten Gymnasium abgelesen werden. Eine **Solarwärmeanlage** auf dem Dach der Schülerbibliothek komplettiert den Energiemix (40.000 kWh/a). Insgesamt tragen Erneuerbare Energien mit einem Anteil von 55 % zur Strom- und Wärmeversorgung des Klosters bei.

ⓘ Abtei Marienstatt, Tel. 02662/95350, www.abtei-marienstatt.de · **ÖPNV:** Vom Bhf. Hachenburg mit Buslinie 8410 nach Marienstatt, Streithausen.

Der ehemalige Abt Dr. Thomas Denter informiert gerne über Erneuerbare Energien.

Die Morbacher Energielandschaft: Auf einem 145 ha großen ehemaligen Militärgelände wird heute umweltfreundliche Energie aus mehreren Quellen erzeugt.

126 Morbacher Energielandschaft

186/C6

Modernes Konversionsprojekt

Mit der „Morbacher Energielandschaft" haben die juwi-Gruppe sowie die Gemeinde Morbach im Hunsrück ein **einzigartiges Energieprojekt** geschaffen: Auf einem 145 ha großen ehemaligen Munitionsdepot der US-Amerikaner wird ein **breiter Mix Erneuerbarer Energien** genutzt. Bereits heute erzeugt die 11.000-Einwohner-Gemeinde damit so viel Strom, wie etwa 30.000 Menschen benötigen.

Windpark

Den Großteil der Energie liefern **14 Windenergieanlagen** der 2-MW-Klasse, die teils im Wald errichtet wurden. Es gibt zudem mehrere **Solarfelder** mit einer Gesamtmodulfläche von ca. 20.000 m^2 (2,1 MW_p) und eine **Biogasanlage** (ca. 500 kW_{el} / 700 kW_{th}), deren Abwärme in einer **Holzpelletieranlage** in direkter Nachbarschaft verwendet wird. Dort werden die Holzreste der umliegenden Sägewerke verarbeitet. Zusätzliche Wärme für die Pelletieranlage liefert ein Holzhackschnitzelheizwerk. Zwei Anlagen zur **solaren Trinkwasseraufbereitung** dienen als Demonstrationsobjekte für die Entwicklungshilfe.

Führungen

Seit 2003 haben etwa 40.000 Gäste aus 100 Ländern an Führungen durch das Gelände teilgenommen. Pro Jahr werden derzeit 130 Führungen organisiert. Ein **Informationszentrum und zwei Museumsbunker** erweitern das Informationsangebot. Außerdem soll gezielt Gewerbe angesiedelt werden, das entweder aus der Branche der Erneuerbaren Energien stammt oder sich durch andere umweltfreundliche und innovative Produkte auszeichnet.

ⓘ Morbacher Energielandschaft, Gemeindeverwaltung Morbach, Bahnhofstr. 34, 54497 Morbach. Geöffnet nach Absprache. Tel. 06533/71-317, www.energielandschaft.de, www.juwi.de · **ÖPNV:** Nächster Bhf. ist Bernkastel-Kues, von dort Busverbindungen nach Morbach.

Das Multitalent auf dem Lande

Aus Energiepflanzen wie Mais, Zuckerrüben oder Wildblumen und landwirtschaftlichen Reststoffen (z. B. Kartoffelschalen, Obsttrester, Gülle) lassen sich in Biogasanlagen Strom und Wärme gewinnen.

In Deutschland gibt es rund 7.700 **Biogasanlagen** mit einer installierten Leistung von ca. 3.500 MW. Davon speisen ca. 125 Anlagen aufbereitetes **Biomethan** in das Erdgasnetz ein. Die deutschen Biogasanlagen erzeugen etwa so viel Strom, wie **6,8 Mio. Haushalte** verbrauchen.

Biogas ist ein wahrer **Alleskönner** unter den Erneuerbaren Energien. Neben Strom und Wärme kann es auch als **Kraftstoff** genutzt werden. Dafür wird das zu Biomethan aufbereitete Biogas in das Erdgasnetz eingespeist und kann anschließend an den entsprechenden Zapfsäulen von jedem Erdgasfahrzeug getankt werden.
Die Gasleitungen dienen darüber hinaus auch als **Speicher**: Das eingespeiste Biomethan kann zu jeder beliebigen Zeit und an jedem Ort entnommen und je nach Bedarf zu Strom und Wärme umgewandelt werden. Dadurch hilft Biogas, die schwankende Produktion von Windenergie und Solarstrom in den öffentlichen Netzen auszugleichen.

Bei der Biogasproduktion werden die erforderlichen Eingangsstoffe, die Substrate, aus einer (1) **Vorgrube** in den (2) **Fermenter** gepumpt, wo Mikroorganismen in einem beheizten Behälter unter Ausschluss von Sauerstoff das gewünschte Methan erzeugen. Bei der Gaserzeugung wird das Substrat im Fermenter mittels eines **Rührwerks** in ständiger Bewegung gehalten.

Das Biogas wird unter der Haube des Fermenters zwischengespeichert und anschließend in den (3) **Motor eines Blockheizkraftwerkes** geleitet, der einen (4) **Generator** auf Touren bringt. Die hierbei anfallende Abwärme kann über ein **Nahwärmenetz** etwa benachbarte Wohnhäuser, Schwimmbäder oder Turnhallen beheizen und außer-

Biogasanlage

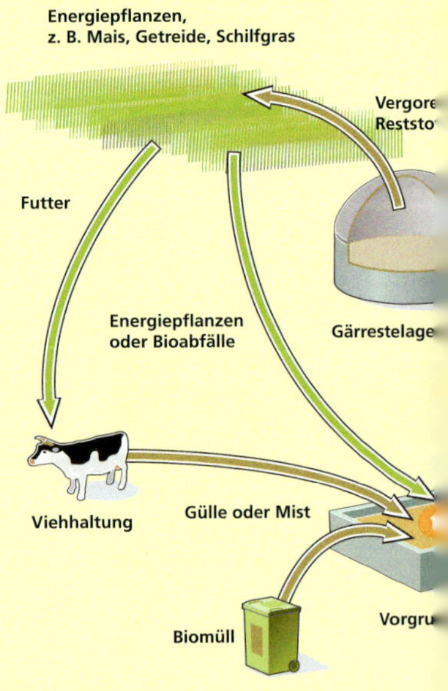

dem die Bakterien im Fermenter mit Wärme versorgen. Die vergorenen Reststoffe aus der Biogasanlage sind **wertvoller Dünger** und werden wieder auf die Felder ausgebracht.

Fast jede Pflanze eignet sich als **Substrat für Biogasanlagen**. Den höchsten Ertrag pro Hektar bringt aktuell noch der Mais. Doch zahlreiche Anbauversuche haben verschiedenste **Alternativen** hervorgebracht, unter anderem bislang weitgehend unbekannte Pflanzen wie die Durchwachsene Silphie oder das Szarvasigras. Auch Wildpflanzen können vergoren werden – und dienen im Sommer vielen Insekten und Kleintieren als Nahrung und Lebensraum. Langfristig kann Biogas zu mehr **Vielfalt auf dem Acker** beitragen.

So viel Energie ...

... kommt von einem Hektar

z. B. 1 ha Mais
= ca. 45 t Ernteertrag
= ca. 9.000 m³ Biogas

= 18.000 kWh_{el} = Strom für 5 Haushalte
+ 12.000 kWh_{th} = Wärme für 0,6 Haushalte

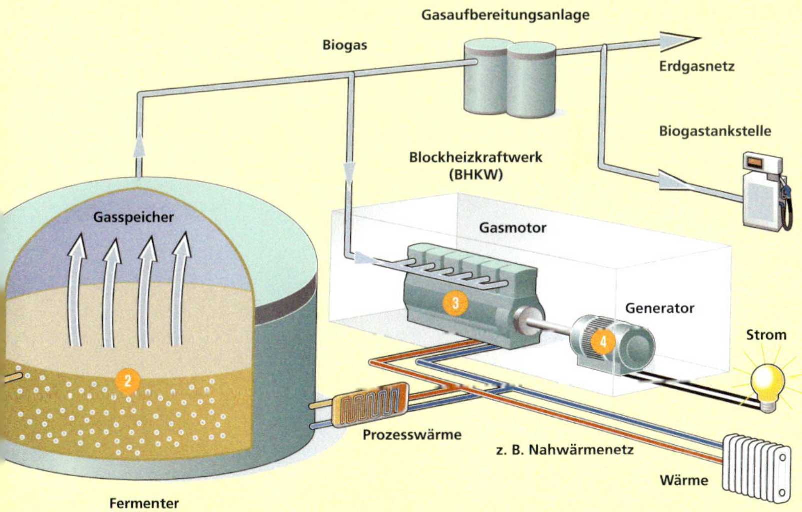

Für die Biogasproduktion eignen sich Gülle und feste Biomasse. Mit einem Rind von 500 kg Gewicht kann pro Tag z. B. eine Gasausbeute von max. 1,5 m³ erzielt werden. Energetisch entspricht dies in etwa einem Liter Heizöl.

127 St. Alban – Projektinsel „wind-wasser-sonne“

190/D1

Informationszentrum

Die Projektinsel „wind-wasser-sonne“ in der Nordpfalz verbindet Erneuerbare Energien mit touristischen Angeboten. Vom Informationszentrum im **Sonnenpark** der Bio-Solar-Haus GmbH, oberhalb des kleinen Ortes St. Alban, starten Exkursionen zur größten **Pflanzenkläranlage** Deutschlands (1,5 km entfernt) oder zu einer der **weltweit leistungsstärksten Windenergieanlagen im Binnenland** (3 km). Die E-126 von ENERCON mit einer Gesamthöhe von 200 m wurde im Jahr 2010 bei Schneebergerhof errichtet.

Im Sonnenpark kann man auch Probe wohnen.

ⓘ Bio-Solar-Haus GmbH, Sonnenpark, Tel. 06362/9227-0, www.bio-solar-haus.de · **ÖPNV:** Nächste Bahnhöfe Rockenhausen oder Alsenz.

128 Thalfang – Hunsrücker Windweg

190/B1

11 Info-Stationen

Einer der abwechslungsreichsten Wind-Erlebnispfade ist der **„Hunsrücker Windweg“**. Entlang der Windparks Berglicht und Heidenburg bietet er auf einer Strecke von 5 km an elf Infostationen Wissenswertes über die Nutzung der Windkraft. Unter anderem kann man ein **38 m langes Original-Rotorblatt** von Nahem sehen und anfassen – die gleichen Blätter drehen sich auch an einigen der zwölf Windenergieanlagen (insgesamt 20,4 MW) vor Ort. Viele Stationen

Technik zum Anfassen – der Hunsrücker Windweg

sind interaktiv: Die Figur „Erni Wind“ stellt **Windexperimente für Kinder** vor, unter anderem lädt ein Windspiel zum Knobeln ein.
ⓘ Touristinformation Thalfang: www.thalfang.de. Tipps zur Wanderung und ein Quizspiel für Kinder hält die ABO Wind AG bereit: Tel. 0611/26765-617, www.abo-wind.de, presse@abo-wind.de · **ÖPNV:** Bus von Trier nach Thalfang, von dort zur Haltestelle „Berglicht Kreuzwiese“.

129 Trippstadt – Haus der Nachhaltigkeit

190/D2

Im Herzen des Pfälzerwaldes

„Nachhaltig leben – wie geht das praktisch?“ – Im Haus der Nachhaltigkeit bei Johanniskreuz im Pfälzerwald greifen wechselnde Präsentationen ganz verschiedene Aspekte des Nachhaltigkeits-Themas auf. Darunter ist zu Beginn der Saison auch immer eine Ausstellung von Handwerksbetrieben der Region zu Erneuerbaren Energien, unter anderem mit Kleinwindanlagen, Mini-BHKW, Holzhausbau im Passivhausstandard usw. Das Thema Nachhaltigkeit greift auch die Architektur des Hauses auf.
ⓘ Johanniskreuz 1 a, Tel. 06306/9210130, www.hdn-pfalz.de · **ÖPNV:** Busverbindung von Neustadt/Weinstraße und Kaiserslautern.

130 Weilerbach – Zero Emission Village

190/C1

Null-Emissions-Gemeinde

Unter dem Motto „Spar Energie mit Spaß!“ haben sich alle acht Ortsgemeinden der Verbandsgemeinde Weilerbach auf den Weg zum „Zero Emission Village“ gemacht, wollen zur Null-Emissions-Gemeinde werden. Zahlreiche der 14.900 Bürger griffen die Vision auf. Herausragendes Beispiel ist das preisgekrönte **„Energiegewinnhaus“** in der Fremdenverkehrsgemeinde Eulenbis: Dieses ist aus Stroh gebaut, und mittels seiner Bodenplatte aus Beton wird Sonnenenergie aus dem Sommer für die kalte Jahreszeit gespeichert – 70 % der Raumwärme liefert der innovative Wärmespeicher. Mit Biomasse versorgte **Nahwärmenetze**, ein Windpark sowie eine Freiflächen-Solaranlage und mehrere Passivhäuser sind weitere Attraktionen.
ⓘ Touristinfo VG Weilerbach, Rummelstr. 15, Tel. 06374/922131, www.weilerbach.de, interaktive Karte unter www.weilerbach.de/energiebuero. Geführte Touren auf Anfrage · **ÖPNV:** Ab Kaiserslautern mit dem Bus 141 erreichbar.

SAARLAND

Die großen Kohlevorräte machten das kleine Saarland über viele Jahrzehnte zum Energieland Nummer zwei nach Nordrhein-Westfalen. Inzwischen wird das „schwarze Gold“ an anderen Orten auf der Welt kostengünstiger gefördert und an der Saar hat der Wandel von der Kohle zu Erneuerbaren Energien begonnen.

Neue Energien im historischen Land der Kohle

Alte Montanstandorte, wie die zum **UNESCO-Weltkulturerbe** zählende **Völklinger Hütte**, wurden zu Kulturzentren und Tourismusmagneten. Wo einst Kohle gefördert wurde, entstanden solare Großkraftwerke zur Stromerzeugung, wie auf der Zeche Göttelborn. Auch die **Biomasse** bietet sich im Saarland als Energielieferant an, der Wendelinushof bei St. Wendel (Nr. 135) versorgt sich heute schon mit der Energie aus einer Biogasanlage selbst. Für die **Wasserkraftnutzung** können etliche historische Mühlen als Hinweis für die Potenziale neuer Kleinwasserkraftwerke dienen. Aus der Vergangenheit der Montanindustrie kann zudem auf warmes **Grubenwasser** zur Energiegewinnung zurückgegriffen werden. Windenergie spielt im Saarland bislang noch eine untergeordnete Rolle, auch wenn der Aufholprozess bereits gestartet ist: Von 2009 konnte die installierte Leistung auf heute 166 MW verdoppelt werden.

131 Freisen – Windenergielehrpfad

190/C1

Windpark Saar

Auf der Freisener Höhe im Landkreis St. Wendel ging bereits 1994 die erste Windkraftanlage ans Netz, 1995 entstand hier **der erste saarländische Windpark**. Mit Inbetriebnahme der zu diesem Zeitpunkt größten Windkraftanlage des Saarlandes wurde im Frühjahr 2013 das **„Repowering“** des Windparks abgeschlossen. Heute stehen im „Windpark Saar“ 12 Anlagen mit einer Gesamtleistung von 24,6 MW, die den Strombedarf der Gemeinde Freisen mengenmäßig weit über 100 % decken können. Bezogen auf den Landkreis St. Wendel entspricht dies etwa 40 % des gesamten Haushaltsstrombedarfs.

Die Freisener Höhe: Der Wind dient der Stromerzeugung und dem Freizeitspaß.

Aufgrund der exponierten Lage hat man einen wunderbaren Fernblick über das St. Wendeler Land. Ein **Windenergielehrpfad** informiert allgemein verständlich über Theorie und Praxis der Windenergieerzeugung.

ⓘ Standort: 66629 Freisen, Trautzberg. Fachinformation: Windpark Saar GmbH & Co. Repower KG, Schulstraße 60, 66629 Freisen, Tel. 06861/78805, www.windpark-saar.de · **ÖPNV:** Vom Bhf. Türkismühle Buslinie 602, vom Bhf. St. Wendel Buslinie 603 nach Freisen. Vom Rathaus Freisen ist ein Wanderweg auf die Freisener Höhe ausgeschildert.

132 Göttelborn – Solarkraftwerk

190/B2

Von der Kohle ins Solarzeitalter

Nördlich von Saarbrücken wurde auf dem ehemaligen Absinkweiher des stillgelegten Steinkohlenbergwerkes Grube Göttelborn ein **Solarkraftwerk** errichtet (8,4 MW_p). Die 48.000 kristallinen Module erzeugen pro Jahr ca. 8,2 Mio. kWh sauberen Strom und vermeiden somit über die 20-jährige Gesamtlaufzeit des

Das Göttelborner Solarkraftwerk liefert eine Leistung von 8,4 MW_p.

Kraftwerkes ca. 130.000 Tonnen CO_2. Besucher können das Solarplateau vom **„Himmelspfeil"**, einer Rampe mit Aussichtspunkt, überblicken. Mit dem Förderturm Schacht IV, dem benachbarten Kohlenkraftwerk Weiher und dem historischen Bergwerk im Hintergrund bietet sich eine **einmalige Energie- und Industriekulisse**. Auf dem „Campus Göttelborn" werden zukunftsweisende Branchen angesiedelt.

ⓘ Standort Solarkraftwerk: Sonnenallee 1, Göttelborn · **ÖPNV:** Ab Saarbrücken Hbf. mit Buslinie 172/173 bis Grube Göttelborn.

133 Losheim am See – Energiehof Markushof

190/B1

Energiemix der Zukunft

Auf dem ökologisch bewirtschafteten Markushof ist der Energiemix der Zukunft bereits heute verwirklicht: **Bioenergie, Windenergie** und **Solarenergie** werden in direkter Nachbarschaft erzeugt. Eine **Biogasanlage** produziert Strom und Wärme aus Gülle, Mist und Energiepflanzen. Mit der Wärme wird Scheitholz aus den umliegenden Wäldern getrocknet und über einen lokalen Brennholzhof vermarktet. Die **Photovoltaikanlagen** auf dem Stallgebäude haben eine Leistung von rund 500 kW$_p$, die **Windkraftanlage** liefert 2 MW. In diesem regenerativen Energiemix (Biogas 44 %, Wind 47 %, Photovoltaik 9 %) wird Strom für umgerechnet ca. 3.300 Haushalte produziert. Der **Qualitätswanderweg „Oppig Grät"** (www.wanderbares-saarland.de) führt direkt an der Windkraftanlage vorbei.

ⓘ Markushof, 66679 Losheim am See. Anmeldungen Führungen: Tel. 0171/6867058; Ferienwohnungen auf dem benachbarten „Birkenhof": Tel. 06872/2390. Fachinformation: Ökostrom Saar GmbH, Trierer Str. 22, 66663 Merzig, Tel. 06861/8390130, www.oekostrom-saar.de · **ÖPNV:** Ab Bhf. Merzig Buslinie R1.

134 Saarbrücken – Solarkraftwerk Flughafen Saarbrücken

190/B2

Auf den ungenutzten Freiflächen im Bereich der Vorfelder des Flughafens in Saarbrücken-Ensheim wurde ein **4 MW$_p$ starkes Solarkraftwerk** errichtet. Die 23.000 kristallinen Module erzeugen pro Jahr etwa 3,9 Mio. kWh sauberen Strom, das ist etwa so viel, wie

Naturverträglich: Schafherde im Solarkraftwerk

1.110 Haushalte verbrauchen. Und sie vermeiden über eine Laufzeit von 20 Jahren rund 62.000 Tonnen des Klimagases CO_2. Nach Inbetriebnahme des Solarkraftwerks und der Wiederbegrünung der Flächen hat sich das Gelände mit den Jahren zu einem einzigartigen **Lebensraum für Kleintiere aller Art** entwickelt.

Die Grünpflege der Anlage durch Schafe ist Teil des **ökologischen Gesamtkonzepts**. Besucher können das Sonnenkraftwerk von einer Aussichtsplattform überblicken. Mit dem Flughafen Saarbrücken im Hintergrund bietet sich eine tolle Kulisse für Fotografen.

Grünpflege durch Schafe

ℹ Flughafenstr. (L 108), Saarbrücken-Ensheim · **ÖPNV:** Ab Saarbrücken Hbf. mit der S1 bis „Römerkastell". Weiter mit Buslinie 120 bis „Industriestraße".

135 Sankt Wendel – Wendelinushof

190/C1

Der Wendelinushof ist ein Werkstattzentrum für behinderte Menschen. Im Mittelpunkt stehen die Produktion, Verarbeitung und Vermarktung von gesunden und **hochwertigen Lebensmitteln** in „kleinen Kreisläufen": Die Gärtnerei liefert Kräuter sowie ökologisch angebautes Obst und Gemüse. Das Tierfutter wird selbst erzeugt und die Tiere im hofeigenen Betrieb geschlachtet. Alle Produkte werden vor Ort im Hofladen verkauft. **Kurze Transportwege** erhalten wertvolle Vitamine und vollen Geschmack der Lebensmittel. Die Energieversorgung des Hofes wird über eine **Biogasanlage** mit Blockheizkraftwerk (200 kW elektrisch; 293 kW thermisch) und eine **Holzhackschnitzelanlage** (980 kW) sichergestellt. Der im Blockheizkraftwerk erzeugte Strom wird ins öffentliche Netz gespeist. Hinweisschilder erklären die Technik und die Funktionsweise der Anlagen, außerdem werden Führungen angeboten.

ℹ Ostertalstraße (L 307), Tel. 06851/939870, www.wendelinushof.de · **ÖPNV:** Ab Bhf. „St. Wendel" mit Citybus Linie 621 zur Haltestelle „Wendelinushof".

! BAEDEKER TIPP

Gesundes vom Land

Die Hofküche des Wendelinushofs bietet ein abwechslungsreiches Frühstücksbuffet mit hofeigenen Produkten. Es gibt wechselnde Tagesgerichte und eine Speisekarte mit regionalen Angeboten.

Modell für die Landwirtschaft der Zukunft: der Wendelinushof bei Sankt Wendel

BAEDEKER TIPP !

136 Schmelz – Kulturzentrum Bettinger Mühle

190/B1

Historische Mühlentechnik, kombiniert mit attraktiven musealen und kulturellen Angeboten, ist in Schmelz zu sehen: Die ehemalige Bettinger Getreidemühle ist inzwischen ein beliebter Veranstaltungsort. Im **Mühlenmuseum** wird die historische Mühlentechnik gezeigt; mit dem seit 1997 installierten modernen Wasserrad wird heute wieder umweltfreundlich Energie erzeugt.

ⓘ Hüttersdorfer Straße 29, 66839 Schmelz, Tel. 06887/888654, www.muehlenverein-schmelz.de · **ÖPNV:** Ab Bhf. Dillingen mit dem Bus.

137 Wittersheim – Haus Lochfeld

190/C2

Kulturlandschaftszentrum

In der Gartenanlage des Kulturlandschaftszentrums südöstlich Saarbrückens sind die **charakteristischen Landschaftselemente des Bliesgaus** auf übersichtlichem Raum vereint. Das Haus liegt inmitten des Mandelbachtals bei Wittersheim. Eine Dauerausstellung informiert über Ortsgeschichte und Landschaftspflege. In Haus Lochfeld wird eine Vielzahl von Techniken zur autarken Energieversorgung genutzt: Ein **Rapsöl-Blockheizkraftwerk** (10 kW_{el}/16 kW_{th}), eine **Pflanzenöl-Heizung** (25 kW_{th}) sowie **Sonnenkollektoren** (3 m^2) und **Photovoltaikmodule** (1,8 kW_p) liefern Wärme bzw. Strom und sind intelligent miteinander vernetzt. Trinkwasser wird aus dem eigenen Brunnen, Brauchwasser aus dem Regenwasserspeicher entnommen, das Abwasser wird über eine **biologisch-mechanische Kompaktkläranlage** gereinigt. Alle Techniken sind für die Besucher zu besichtigen und durch Beschilderungen erklärt.

ⓘ Zum Lochfeld, Mandelbachtal-Wittersheim. Führungen, Erlebnistouren und Seminare: Zweckverband „Saar-Blies-Gau/Auf der Lohe“, Am Forum 1, 66424 Homburg, Tel. 06841/1047228, www.saarpfalz-kreis.de · **ÖPNV:** Ab Bhf. St. Ingbert mit Buslinie K507 bis Ormesheim. Von dort Fußweg.

Haus Lochfeld ermöglicht einen Einblick in die Geschichte und Naturschätze des Bliesgaus.

DER SÜDEN

Im Südwesten liegt mit Freiburg die „Solarhauptstadt" der Republik. In Bayern bietet insbesondere die Voralpenregion hervorragende Voraussetzungen zur Erdwärmenutzung.

BADEN-WÜRTTEMBERG

Baden-Württemberg gilt als Land der Tüftler und Querdenker. Erneuerbare Energien spielen dabei eine große Rolle und machten im Jahr 2012 einen Anteil von 12,3 Prozent am Endenergieverbrauch aus. Vor allem die Wasserkraft, die Biomasse und die Solarenergie sind von Bedeutung, in Zukunft soll jedoch auch die Windenergie einen erheblichen Beitrag zur Energieversorgung im Südwesten leisten.

Land der Solarpioniere

Bundesweit wegweisend ist das **Gesetz zur Nutzung Erneuerbarer Wärmeenergie** (EWärmeG), mit welchem Baden-Württemberg zu einem der Spitzenreiter bei der Wärmeerzeugung aus Sonne, Holz und Erdwärme wurde. Bei der **Photovoltaik** belegt das Bundesland Platz zwei hinter Bayern. Die **Windenergie** im „Ländle" fristet aktuell noch ein Schattendasein: Es gab zur Jahresmitte 2013 erst 381 Anlagen mit rund 500 MW Leistung. Bis 2020 soll die Zahl allerdings auf 1.200 Anlagen anwachsen, die dann rund 10 % des Stromverbrauchs decken sollen. Die **Biomasse** ist traditionell eine der wichtigsten Erneuerbaren Energiequellen – große Holzvorräte bietet u. a. der Schwarzwald. Auch die Biogastechnologie ist mit über 800 Anlagen weit verbreitet.

> **! WETTERREKORD**
>
> *Längste Jahressonnenscheindauer*
>
> Mit 2.329 Stunden wurde 1959 auf dem Klippeneck, einem Zeugenberg am Rande der Schwäbischen Alb **(191 E4)**, die bisher längste Sonnenscheindauer in einem Jahr in Deutschland gemessen. www.dwd.de

Wasserkraft am Rhein

Die **Wasserkraft** ist ein wichtiger Energielieferant, vor allem durch die großen Wasserkraftwerke entlang des Rheins, wie beispielsweise in Rheinfelden (Nr. 154). Künftig soll auch die **Erdwärme** eine wachsende Rolle spielen. Denn entlang des Oberrheingrabens erstrecken sich in der Tiefe bedeutende geothermische Energiereserven für die Zukunft.

Bundeshauptstadt Klimaschutz

Freiburg nimmt als Stadt der Solarpioniere eine Vorreiterrolle beim Einsatz Erneuerbarer Energien ein und bietet eine Vielzahl gelungener Projekte. So wurde die Stadt im Jahr 2010 von der Deutschen

Umwelthilfe für ihre Aktivitäten mit dem Titel „Bundeshauptstadt Klimaschutz“ ausgezeichnet.

Solarregion Oberrhein

Die **Solarregion Oberrhein** (www.solarregion.net), ein Zusammenschluss von mehr als 200 Firmen, Gemeinden und Vereinen, fördert auf vielfältige Weise eine nachhaltige Energieversorgung in Südbaden. Im Magazin „SolarRegion“ werden Denkanstöße und Tipps zum Thema gegeben, politische Entscheidungen reflektiert und auf viele interessante Veranstaltungen hingewiesen.

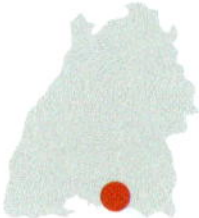

138 Bodensee – Solarfähren

191/E5

Schwäbisches Meer

Eine der schönsten Reiseregionen Deutschlands ist zweifelsohne der Bodensee – besonders wenn die Sonne scheint und man gleich an mehreren Anlegestellen ein Solarboot entern kann: Das **größte Schiff der Solarbootflotte** ist die „HELIO“. Für Individualtouristen werden ab Hafen Radolfzell von Mitte April bis Ende September Rundfahrten (Di und Fr) angeboten. Zusätzlich verkehrt zwischen der Insel Reichenau und dem schweizerischen Mannenbach fast lautlos das **Solarboot „Reichenau“**. Und die **„Sole Mio“** verbindet, ebenfalls solargetrieben, die Orte Kreuzlingen und Fischerhaus auf der Schweizer Seite mit Konstanz. An Bord der futuristischen Schiffe erlebt man heute schon auf angenehmste Weise, wie die Schifffahrt der Zukunft einmal aussehen kann.

! BAEDEKER TIPP

Sonne, Sekt und Bodenseehappen

Ein Schmankerl sind die kulinarischen Bodensee-Rundfahrten mit dem Solarboot: Als Sundowner gibt es Winzersekt, dazu leckere „Bodenseehappen“ vom Grünen Baum in Moos – und das alles bei handgemachter Musik. www.gruenerbaum-moos.de

ⓘ Bodensee-Solarschifffahrt, Fritz-Reichle-Ring 6, 78315 Radolfzell, Tel. 07732/9391139, www.solarfaehre.de, www.solarfaehre-reichenau.de, www.sole-mio.info · **ÖPNV:** Bhf. Radolfzell, Reichenau (Baden) (da weiter mit Taxi) bzw. Konstanz.

Das Solarboot HELIO vor Radolfzell

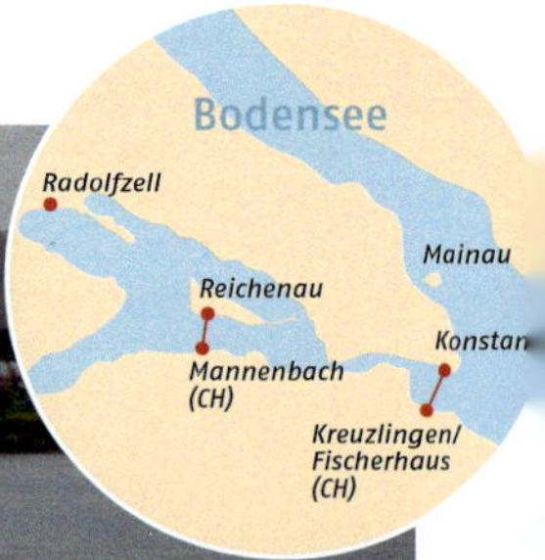

139 Gomadingen – Haupt- und Landgestüt Marbach

191/F4

Inmitten des **UNESCO-Biosphärengebietes Schwäbische Alb** liegt das älteste staatliche Gestüt Deutschlands, das **Haupt- und Landgestüt Marbach**. Seit über 500 Jahren werden hier Pferde beherbergt und gezüchtet. Pferdesportveranstaltungen locken das ganze Jahr über Besucher an, hinzu kommen Ausstellungen und Konzerte. Die Wärmeversorgung sichert ein **470 m langes Nahwärmenetz**, an das zehn Gebäude des Anwesens angeschlossen sind. Gespeist wird es von einer **modernen Holzhackschnitzel-Heizung** (220 kW). Gestütsführungen an Sonn- und Feiertagen (in den baden-württembergischen Ferien täglich) um 13.30 Uhr und 15.00 Uhr.

Publikumsrenner Hengstparade

ⓘ Gestütshof 1, 72532 Gomadingen-Marbach, Tel. 07385/9695-0, www.gestuet-marbach.de
ÖPNV: Bhf. Marbach bei Münsingen.

140 Grenzach-Wyhlen – Wasser- und Solarkraftwerk

190/C6

Wasser und Sonne

Das Wasserkraftwerk Wyhlen erzeugt bei jedem Wetter Strom: Die Energie aus einer Solaranlage (70 kW_p) macht es zum ersten kombinierten Solar-Wasser-Kraftwerk Europas. Wenn die Sonne nicht scheint, erzeugen die Turbinen Energie.

Das 1912 in Betrieb genommene Wasserkraftwerk ist auch in anderer Hinsicht ein **doppeltes Kraftwerk:** Auf der schweizerischen Rheinseite befindet sich fast spiegelbildlich angeordnet das Kraftwerk Augst. Beide sind durch ein Stauwehr verbunden, was einen Spaziergang ins Nachbarland ermöglicht. Pro Jahr erzeugt allein das deutsche Wasserkraftwerk fast so viel Strom, wie 70.000 Haushalte verbrauchen.

ⓘ OT Wyhlen, Am Wasserkraftwerk 49, Tel. 07763/81-2658, www.energiedienst.de · **ÖPNV:** Bhf. Wyhlen.

Auf verschiedene Weise nutzbar

Pflanzen enthalten Sonnenenergie, die wieder freigesetzt und genutzt werden kann. Dabei wird nur so viel Kohlendioxid ausgestoßen, wie beim Wachstum aus der Luft entnommen wurde. Einen nachhaltigen Anbau vorausgesetzt, ist Biomasse deshalb eine klimaneutrale Energiequelle. Die Verbrennung von Holz ist dabei die älteste Form, Erneuerbare Energien für den Menschen zu nutzen.

Bioenergie gilt als das Multitalent unter den Erneuerbaren Energien: Aus fester, flüssiger und gasförmiger Biomasse lassen sich Wärme, Strom und Kraftstoffe gewinnen.

Bioenergie steht **unabhängig** von der aktuellen Wetterlage und den Jahreszeiten zur Verfügung. Der Brennstoff ist zudem **lagerungsfähig**. Bioenergie kann damit idealerweise auch die Zeiten überbrücken, in denen wenig Wind weht oder keine Sonne scheint.

Holz ist nach wie vor ein beliebter Brennstoff: **Feste Biomasse** lässt sich in Holzpellet-, Holzhackschnitzel- oder Scheitholzöfen verbrennen und erzeugt damit Heizwärme. Mit **flüssiger oder gasförmiger Biomasse**, wie Pflanzenöl oder Biogas, ist in einem Blockheizkraftwerk Strom zu erzeugen und gleichzeitig die anfallende Abwärme zu nutzen (Infos zu Biogas auf S. 130-131).

Größere **Biomassekraftwerke** können über **Wärmenetze** ganze Siedlungen versorgen, wenn sie nach dem Prinzip der Kraft-Wärme-Kopplung arbeiten. Dadurch lässt sich Brennstoff weitaus effizienter nutzen als in einem Großkraftwerk, das ausschließlich auf die Stromerzeugung ausgelegt ist.

Gasförmiger Brennstoff aus Biogasanlagen lässt sich zudem aufbereiten und in das Erdgasnetz einspeisen. Für viele **Fahrzeuge** eignen sich Biogas oder Flüssigkraftstoffe wie Pflanzenöl, Biodiesel und Ethanol. Unter **Nachhaltigkeitsgesichtspunkten** kommt es allerdings darauf an, Biomasse mit Augenmaß zu nutzen, damit sich Monokulturen nicht ausbreiten und die landwirtschaftlichen Flächen nicht übernutzt werden. Weitere Informationen finden Sie unter: http://bioenergie.fnr.de/bioenergie/

So viel Holz ...

... wächst jede Sekunde nach.

Im Jahr wachsen in Deutschland etwa 120 Mio. m³ Holz hinzu, das sind 4 m³ Holz pro Sekunde, was einem Würfel mit 1,6 m Kantenlänge gleichkommt.

Mit Holzpellets heizen

1 Holzpellets werden bequem mit einem Tankwagen geliefert. Ein durchschnittliches Einfamilienhaus verbraucht ca. 4,5 Tonnen Holzpellets im Jahr. Dafür reicht bereits ein Lagerraum mit ca. 4,5 m² Grundfläche.

2 Eine Förderschnecke oder ein Saugsystem transportiert die Holzpellets automatisch vom Lager zum Holzpelletkessel.

3 Nach der Verbrennung bleiben nur wenige Kilogramm Asche, die im normalen Hausmüll entsorgt werden kann.

4 Wird der Holzpelletkessel mit einem Pufferspeicher gekoppelt, können Emissionen gesenkt und der Wirkungsgrad erhöht werden.

Katharina Wagner

Opernregisseurin:
„Ich hätte nicht gedacht, dass so viel Energie in so einem kleinen Pellet steckt. Der hätte viel mehr Aufmerksamkeit und Applaus verdient!"

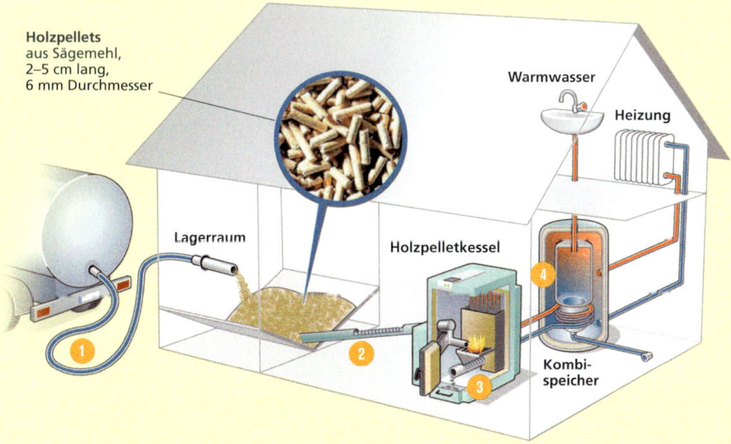

Holzpellets sind eine bequeme Form des Heizens mit nachwachsenden Rohstoffen. Durch ihre kleine und standardisierte Form eignen sie sich für eine automatische Befeuerung.

Solar- und Umwelthauptstadt

Die sonnenreiche Stadt Freiburg im Breisgau gilt seit Jahrzehnten als Wiege der Erneuerbaren Energien in Deutschland. Hier konzentrieren sich viele Akteure aus der Solar- und Umweltwirtschaft.

Arbeiten und Wohnen werden in der Freiburger Solarsiedlung auf vorbildliche Weise ökologisch miteinander verbunden.

Bahnreisende werden bereits von der **Solarfassade des Freiburger Hauptbahnhofes** auf die Öko-Hauptstadt eingestimmt: Über 19 Stockwerke ist die Fassade mit Solarzellen verkleidet und somit eine der höchsten Solaranlagen der Republik. Hoch über der Stadt drehen sich **sechs Windenergieanlagen,** zwei am Freiburger Hausberg „Schauinsland" und vier auf dem „Rosskopf". Wer länger bleiben will, findet natürlich auch innovative Übernachtungsmöglichkeiten: Als erstes **Nullemissionshotel** empfiehlt sich das Freiburger Hotel Victoria (www.hotel-victoria.de) für den ökologisch bewussten Reisenden. Gut ausgeruht können Sie sich dann einer der Führungen durch die Stadt anschließen, die diverse Anbieter zu Umweltthemen anbieten, so beispielsweise die aiforia – Agency for Sustainability, das Freiburg Future Lab, die Innovation Academy oder, speziell für japanische Delegationen, die OSM Maeda.

ⓘ Tourist Information Rathausplatz 2–4, Tel. 0761/3881-880, www.freiburg.de

Vauban & Co. – innovative Stadtquartiere

Am Schlierberg wurde eine ganze Siedlung in Plusenergiebauweise gebaut. Zur Hauptstraße hin liegt das 141 **„Sonnenschiff"** – ein Wohn- und Gewerbehaus, dessen aufs Dach aufgesetzte Einfamilienhäuser dem Gebäude das Aussehen eines Schiffs mit Solarsegeln verleihen. In unmittelbarer Nähe, am

Hang zu den Weinbergen, befindet sich das weltberühmte **„Heliotrop"**, das drehbare Wohnhaus des Architekten Rolf Disch (www.rolfdisch.de). Es richtet sich automatisch zur Sonne aus. Nicht weit entfernt schließt sich das unter ökologischen Aspekten entwickelte 142 **Stadtquartier Vauban** an. Mit seiner vielfältigen Architektur und innovativen Energiekonzepten gilt es weltweit als Vorbild moderner Stadtentwicklung. Auch der neue 143 **Stadtteil Rieselfeld** ist ein Beispiel **nachhaltiger Stadtteilplanung**. Im Osten Freiburgs, Richtung Ebnet, befindet sich das 144 **MAGE SOLAR Stadion des SC Freiburg**, das seinerzeit erste Fußballstadion der Welt mit Solaranlage. Direkt daneben sorgt das mit Solarwärme versorgte Strandbad im Sommer für willkommene Erfrischung.

Umweltforschung und -bildung

Im Freiburger Norden hat das **Solar-Info-Center** seinen Sitz. In diesem energieeffizienten Kompetenzzentrum sind viele Firmen der Solar- und Umwelttechnik angesiedelt. Das benachbarte 145 **Fraunhofer-Institut für Solare Energiesysteme ISE** ist weltweit eines der bedeutendsten Forschungszentren für Erneuerbare Energien und hält bei der Entwicklung hocheffizienter Solarzellen mehrere Weltrekorde. Besonders sehenswert ist **Deutschlands erste solare Wasserstofftankstelle**, die das Autofahren mit Solarenergie möglich macht (Heidenhofstr. 2, www.ise.fraunhofer.de). Umweltbildung ist in der **Ökostation Freiburg**, dem **Umweltzentrum des BUND im Seepark** sowie im **Waldhaus Freiburg** Trumpf. Auch das Planetarium richtet seinen Blick nicht nur zu den Sternen, sondern greift Nachhaltigkeitsthemen wie etwa die Rolle der Sonne für die Energieversorgung der Zukunft auf.

Green City

Freiburg ist mit der Fülle an Angeboten als **Green City** (www.freiburg.de/greencity) zum Vorbild und Modell für viele Städte und Gemeinden weltweit geworden. 2012 gewann die Stadt den **Deutschen Nachhaltigkeitspreis**, der erstmals in der Kategorie Großstädte verliehen wurde.

146 Fabrik 190/D5

In der heutigen **Fabrik für Handwerk, Kultur & Ökologie** im Stadtteil Herdern wurden früher Möbel und Garne hergestellt. Im „Vorderhaus" finden regelmäßig Konzerte, Theater und Kabarett statt. Kabarettisten wie Georg Schramm und Jess Jochimsen unterstützen den Förderkreis der Fabrik und

In Freiburg steht Deutschlands erste solare Wasserstofftankstelle.

Prof. Dr. Eicke R. Weber

Direktor des Fraunhofer-Instituts für Solare Energiesysteme ISE, Freiburg
„Solarenergie ist unsere beste Quelle für eine langfristig gesicherte, nachhaltige Energieversorgung. Dafür leistet das Fraunhofer-Institut für Solare Energiesysteme ISE mit seinen über 1.300 Mitarbeitern Tag für Tag wichtige Forschungsarbeit. Wir sind überzeugt, dass Forschung und Anwendung Hand in Hand zu gehen haben, damit die Energiewende gelingt."

setzen sich für Erneuerbare Energien ein. Wer Hunger und Durst verspürt, ist in der Vorderhaus-Gaststätte gut aufgehoben, im Sommer lockt der schöne Biergarten. Die Fabrik wird mit Ökostrom versorgt, auf dem Hinterhaus befindet sich eine **Solaranlage** (17,5 kW_p). Ein **Blockheizkraftwerk** und die **Regenwassernutzung** komplettieren die vorbildliche Haustechnik. Elektrofahrzeuge kann man an der Stromtankstelle kostenfrei auftanken.

ⓘ Habsburgerstr. 9, Tel. 0761/50365-3, www.fabrik-freiburg.de · **ÖPNV:** Straßenbahnlinie 2, Haltestelle „Okenstraße".

Das Solarcafé von Kirchzarten

147 Kirchzarten – Solarcafé 190/D5

Das Solarcafé in Kirchzarten bei Freiburg, auch als „Kaffeehaus Emporio" bekannt, ist ein besonders attraktives Café mit Außen- und Dachterrasse. Neben den ortstypischen Mittagsgerichten sind auch die täglich frisch gebackenen Kuchen zu empfehlen. Das Architekturbüro Rombach integrierte in das schräge Glasdach **transparente Photovoltaikmodule** mit einer Leistung von 1,5 kW_p. **Röhrenkollektoren** dienen zudem der Trinkwassererwärmung und der Beheizung der Räume.

ⓘ Bahnhofstr. 17, 79199 Kirchzarten, Tel. 07661/909899 · **ÖPNV:** Höllentalbahn, Bhf. „Kirchzarten".

148 Oberried – Rappenecker Hof 190/D5

Ziel einer wunderbaren Wanderung ist die erste solarbetriebene Gaststätte Europas, der Rappenecker Hof. Das 300 Jahre alte Schwarzwaldhaus liegt auf 1.000 m Höhe zwischen dem Freiburger Hausberg „Schauinsland" und dem Örtchen Oberried. Bei schönem

Der Rappenecker Hof

Wetter sitzt man draußen auf der Terrasse und kann dort hausgemachten Käsekuchen und Kaffee genießen. **Die Solarstromanlage** (4 kW_p) und ein kleines **Windrad** (1 kW) sorgen dafür, dass der Kuchen schön kühl und der Kaffee dampfend heiß ist. Das Gebäude ist schon seit 1987 ein **Forschungsprojekt des Fraunhofer-Instituts für Solare Energiesysteme ISE**, das hier untersucht, wie fernab von Stromnetzen gelegene Siedlungen, beispielsweise in Entwicklungsländern, mit Energie versorgt werden können. Zwar waren die Kosten für die regenerative Technik zum Zeitpunkt der Installation vergleichsweise hoch, doch schon damals fast zwei Drittel günstiger als ein Anschluss an das 5 km entfernte öffentliche Stromnetz. Nachdem die Anlage um eine **Brennstoffzelle** ergänzt wurde, steht dem Hof durchgängig und ausreichend saubere Energie zur Verfügung.

ⓘ Rappenecker Hof, Rappeneck 1, Tel. 0163/4366504, www.rappeneck.de. Saisonal bewirtschaftet · **ÖPNV:** u. a. ca. 45 Minuten Fußweg von Hofsgrund (Buslinie Kirchzarten-Oberried).

Freiburg

149 Heidelberg – Solarkatamaran

191/E2

Vor traumhafter Kulisse

Manch ein Solarfan hat inzwischen sein Herz in Heidelberg verloren – an den Solarkatamaran „Neckarsonne“, eine Attraktion in der altehrwürdigen Universitätsstadt. Auf dem **weltweit größten Solar-Edelstahl-Katamaran** können bis zu 250 Sonnenreisende die romantischsten Seiten der Stadt vom Wasser aus erkunden. Dank Solarzellen mit einer Leistung von 6,8 kW_p geht es in traumhafter Stille an der weltberühmten Stadtsilhouette vorbei. Während den Gästen auf dem **Sonnendeck** ein kühles Bier serviert wird, gleiten die Sehenswürdigkeiten vorüber, wie etwa das Schloss, der Philosophenweg und die Student(inn)en auf der Neckarwiese. Fahrtbegleitend wird auch die innovative Technik des Solarschiffs erklärt.

Mit der „Neckarsonne“ die Sehenswürdigkeiten Heidelbergs entdecken

ⓘ Anlegestelle: Alte Brücke, Heidelberg-Altstadt, Tel. 07263/409284, www.hdsolarschiff.com. Von Ende Mrz. bis Anfang Nov. tgl. zwischen 10 und 18 Uhr · **ÖPNV:** Karlstorbahnhof.

150 Karlsruhe – ZKM

190/D2

Kulturelles Highlight

Das **Karlsruher Zentrum für Kunst und Medientechnologie (ZKM)** gilt mit seinen Ausstellungen und Veranstaltungen als weltweit einmalige Kulturinstitution. Das Medienmuseum beherbergt nicht nur eine der größten Sammlungen **interaktiver Medienkunst** weltweit, sondern lädt den Besucher auf vielfältige Weise zur aktiven Beteiligung ein. Vor den Kunstwerken verwandelt er sich vom Betrachter zum Akteur, der in die Installationen eingreifen kann. Mit dem Zuse Z3 von 1941 ist im ZKM auch der älteste frei programmierbare Computer zu sehen.

Das ZKM versorgt das Karlsruher Straßenbahnnetz mit Solarstrom von seinen Dächern.

Gleichstrom-Photovoltaik

Am ZKM wird zudem im Rahmen eines **europäischen Pilotprojektes** eine Photovoltaikanlage erprobt, die den erzeugten Strom direkt in das **Gleichstromnetz** der Karlsruher Straßenbahnen einspeist. Die ansonsten bei der Sonnenstromerzeugung übliche notwendige Umwandlung von Gleichstrom in Wechselstrom entfällt hierbei. Die innovative Anlage hat eine Spitzenleistung von etwa 100 kW_p und erzeugt im Jahr rund 90.000 Kilowattstunden Strom. Das entspricht über **20.000 Straßenbahnkilometern** – und damit einer halben Erdumrundung.

ⓘ Lorenzstr. 19, Tel. 0721/8100-1200, www.zkm.de, www.zkmsolar.stadtwerke-karlsruhe.de (mit Live-Ertragsanzeige) **ÖPNV:** Straßenbahnlinie 2, Haltestelle „ZKM".

! BAEDEKER TIPP

ZKM für kleine Entdecker

Im ZKM können auch kleine Entdecker viel erleben: Hier kann man Roboter selbst programmieren, in der Trickfilmwerkstatt Knetfiguren animieren oder bei einer Kinderführung eine spannende „Reise ins Bild" erleben. Großes Workshopangebot für Kinder und Jugendliche. Familiensonntage. www.zkm.de

151 Königsfeld – Solar-Kommune

190/D4

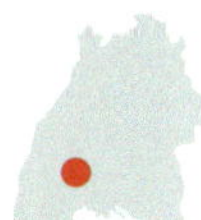

Erste Solar-Kommune Deutschlands

Das große Erbe des berühmtesten Sohnes der Stadt beflügelt den Kurort Königsfeld im Schwarzwald. Der Nobelpreisträger und „Urwalddoktor" **Albert Schweitzer** war stets auf der Suche nach einem Leben, das nicht auf Kosten anderer geht. Königsfeld hat sein Vermächtnis angenommen und wurde zur ersten Solar-Kommune Deutschlands.

Besucher der Solar-Kommune Königsfeld

Sonne tanken In Königsfeld kann man u. a. im solarbeheizten Freibad **„solara"** abtauchen, an der **Solartankstelle** am Rathaus gratis das Elektroauto oder das E-Bike einstöpseln und einen Solarroller für Ausflüge in den Schwarzwald mieten. Rund um den Ort führt ein knapp 4 km langer **Sonnenerlebnispfad**, der zugehörige **Planetenweg** schlägt den großen Bogen ins Universum.

ⓘ Tourist-Info, Rathausstr. 9, Tel. 07725/8009-45, www.koenigsfeld.de
ÖPNV: Bahnhöfe St. Georgen (8 km) oder Villingen (11 km), von dort Busse.

152 Leutkirch im Allgäu – Ökologische Brauerei

191/G5

Klimaneutrales Unternehmenskonzept

Mehrfach ausgezeichnet wurde die **Brauerei Clemens Härle** in Leutkirch im Allgäu, die zu 100 % mit Erneuerbaren Energien versorgt wird. Zum klimaneutralen Unternehmenskonzept gehören eine **Holzhackschnitzel-Heizanlage** (800 kW), **drei Photovoltaikanlagen** (54 kW_p), eine **Biodiesel-Tankstelle** sowie ein Elektrofahrzeug. Auf dem weitläufigen Firmengelände befinden sich neben dem Brauereigebäude in Gründerzeitarchitektur ein Hopfengarten, eine kleine Streuobstwiese sowie ein parkähnlicher Garten mit altem Baumbestand. Besucher sind nach Anmeldung stets willkommen, um zu erleben, wie „Erneuerbares Bier" gebraut wird. Im **Brauerei-**

JESS JOCHIMSEN

Kabarettist und Autor

„Das Gesicht war es einfach wert, dieses Gesicht, das unser bisheriger Strom-Horst machte, als wir ihm mitteilten, wir würden zu einem ‚grünen und gerechten Anbieter' wechseln. ‚Ärgerlich', sagte das Gesicht, ‚schon wieder welche.' Ja, schon wieder welche! Und noch etwas sagte das Gesicht, nämlich: ‚Das kann so nicht weitergehen, da muss doch einer was machen!' Eben darum! Es gibt welche, die wirklich was machen!! Die Strom-Rebellen dieses Landes, sie leben hoch!!!"

gasthof „Zum Mohren" aus dem 17. Jh. kann man übernachten und braufrische Bierspezialitäten sowie schwäbische Küche aus regionalen Produkten, teils in Bioqualität, genießen – bei schönem Wetter auch draußen im Biergarten.

ⓘ Am Hopfengarten 5, 88299 Leutkirch im Allgäu, Tel. 07561/9828-0, www.haerle.de, www.brauereigasthofmohren.de · **ÖPNV**: ca. 500 m vom Bhf. Leutkirch.

153 Münsingen – Hofgut Hopfenburg

191/F4

Ferien im Indianertipi

Im Herzen des **Biosphärengebietes Schwäbische Alb** befindet sich das Hofgut Hopfenburg, zwischen der Stadt Münsingen und ihrem Hausberg Beutenlay. Das Feriendomizil bietet ungewöhnliche Angebote: Gastronomie mit regionaler Küche in Backhaus und Festscheune,

Tipi oder Schäferkarren – naturnah übernachten in Münsingen

Seminarräume, **Hofladen** mit regionalen Produkten sowie einen landwirtschaftlichen Betrieb mit seltenen Haustierrassen. Das Ganze ist eingerahmt von einer Streuobstwiese mit über 500 alten Obstsorten. Liebevoll gestaltete **Unterkünfte** reichen vom Schäferkarren über den großen Zirkuswagen bis zu Ferienwohnungen. In den Sommermonaten stehen zusätzlich auf dem zehn Hektar großen Gelände **Tipis und kirgisische Jurten** zur Verfügung. Zwei Blockheizkraftwerke produzieren Strom und Wärme für alle Gebäude und Unterkünfte, in den Wintermonaten wird zusätzlich mit Stückholz geheizt. Brot und schmackhafte Gerichte werden im Holzbackofen gebacken.

ⓘ Hopfenburg 12, 72525 Münsingen, Tel. 07381/931193-0, www.hofgut-hopfenburg.de, www.muensingen.de · **ÖPNV:** Bhf. Münsingen/Schwäbische Alb.

154 Rheinfelden – Wasserkraftwerk

190/C6

65 ökologische Aufwertungen

In Rheinfelden steht eines der **modernsten Laufwasserkraftwerke Europas**. Nach achtjähriger Bauzeit wurde es 2011 offiziell in Betrieb genommen. Bei diesem **deutsch-schweizerischen Gemeinschaftsprojekt** tragen 65 ökologische Aufwertungen dazu bei, dass die Produktion von Ökostrom im Einklang mit der Natur erfolgt. Kern ist das **900 m lange naturnahe und lachsgängige Fischaufstiegs- und Laichgewässer**. In seiner Dimension ist es einzigartig. Eingebunden ist das Kraftwerk in den 6 km langen **Rheinfelder Rheinuferrundweg**, der das badische und das schweizerische Rheinfelden verbindet. Die Leistung der vier Rohrturbinen des neuen Wasserkraftwerks liegt bei 100 MW. Die mittlere jährliche Stromproduktion beträgt 600 Mio. kWh und wird zwischen Deutschland und der Schweiz aufgeteilt. Die Stromerzeugung reicht aus, um etwa 170.000 Haushalte zu versorgen.

ⓘ Untere Kanalstr., 79618 Rheinfelden. Anmeldungen für Besichtigungen bei Energiedienst Besucherinformation, Tel. 07763/81-2658, Mo.–Do. 8–12 Uhr, www.energiedienst.de · **ÖPNV**: Bhf. Beuggen, von dort ca. 1,5 km.

Wasserkraftnutzung im Einklang mit der Natur

Schönau – blaue Dächer, so weit das Auge reicht

155 Schönau – Stadt der Stromrebellen

190/D5

Elektrizitätswerke Schönau

Die Gemeinde Schönau im **Oberen Wiesental** liegt mitten im Naturpark Südschwarzwald. Bundesweit bekannt wurde Schönau durch den Sieg der Bürger über den ehemaligen Energieversorger: Nach jahrelangem Tauziehen gelang es den „Stromrebellen“ im Jahr 1997, ihr Stromnetz zurückzukaufen und selbst zum Energieversorger zu werden. Die siegreichen Schönauer wurden in der Folge zu **Kultfiguren** in Sachen Ökostrom und die Elektrizitätswerke Schönau (EWS) liefern heute ihren umweltfreundlichen Strom in die ganze Republik. 2013 wurde EWS Schönau mit dem renommierten Deutschen Umweltpreis ausgezeichnet.

ⓘ Tourismus GmbH zwischen Feldberg und Belchen, 79674 Todtnau, Tel. 07671/969695, www.bergwelt-suedschwarzwald.de, www.ews-schoenau.de · **ÖPNV**: Ab Zell im Wiesental Bus 7300 oder ab Kirchzarten Linien 7215/7300.

! BAEDEKER TIPP

Klimafreundlich im Todtnauer Land

Im Südschwarzwald kann man klimafreundlich urlauben. Klimaneutral bzw. klimafreundlich betriebene Gastbetriebe in der Region zwischen Feldberg und Belchen sind unter www.klimaneutral-schwarzwald.de gelistet.

Wirtschaftsmotor im Südwesten

Die Metropolregion Stuttgart ist einer der wirtschaftlich stärksten Ballungsräume Deutschlands. In und um die schwäbische Metropole wird traditionell gerne und erfolgreich getüftelt – auch an Energietechnik.

Kein Wunder, dass hier auch im Bereich der Erneuerbaren Energien viele Innovationen auf den Weg gebracht werden. In der Eingangshalle des Stuttgarter Rathauses steht eine 156 **interaktive Stele zu Erneuerbare-Energien-Projekten** mit Informationen zu mehr als 50 Anlagen in den städtischen Liegenschaften (Marktplatz 1, www.stuttgart.de). In Stadt und Region hat der Carsharing-Anbieter Car2Go (www.car2go.com) das mit 500 Elektrosmarts und 500 Ladestellen weltweit größte **E-Auto-Projekt zur Kurzzeitmiete** etabliert. Onlinekarten mit Ladestationen unter www.livinglab-bwe.de, interessante Hintergrundinfos zur Elektromobilität unter www.e-mobilbw.de.

Grüner Heiner und Haus des Waldes 191/F3

Im Stadtteil Weilimdorf dreht sich eine **Windenergieanlage** auf dem ehemaligen Auffüllberg 157 „Grüner Heiner". Sie erzeugt jährlich etwa 691.000 kWh Strom, was dem Verbrauch von fast 200 Haushalten entspricht.

Die **Mitmachausstellung** im 158 **Haus des Waldes** im Stadtteil Degerloch ist ideal für Familien. Hier geht es um die Tiere und Pflanzen des Waldes und u. a. um den Rohstoff Holz als CO_2-neutralen Energieträger.

ⓘ Haus des Waldes, Königsträßle 74, 70597 Stuttgart, Tel. 0711/9767219, www.hausdeswaldes.de · **ÖPNV:** U7/U8, Haltestelle „Waldau" oder Bus 70 bis „Königsträßle".

Das Haus des Waldes, Stuttgart

159 Bietigheim-Bissingen – Rommelmühle 191/F3

Gemeinschaftliches, ökologisch orientiertes Wohnen und Leben steht im Ökozentrum Rommelmühle im Mittelpunkt. Die Wohnungen, die Büros, der **Biosupermarkt und die Brauereigaststätte** auf dem Gelände einer ehemaligen Industriemühle sind mit einem Energieverbundsystem vernetzt. Eine Wasserkraftanlage (300 kW) und ein Blockheizkraftwerk (110 kW_{el}, 210 kW_{th}) erzeugen umweltfreundlich Strom und Wärme.

ⓘ Flößerstr. 14, 74321 Bietigheim-Bissingen, Tel. 07142/738520, www.rommelmuehle.de · **ÖPNV:** Bhf. Bietigheim-Ellental.

160 Neckarsulm – Solarplastiken 191/F2

Futuristisch anmutende, mit Sonnenkraft bewegte **kinetische Platz-**

Solarplastik in Neckarsulm

Zeichen aus Edelstahl und Acrylglas an den Stadteingängen sind ästhetische Symbole für das Selbstverständnis Neckarsulms als **Solarstadt** mit richtungsweisender Energiepolitik: Die Stadt deckt heute schon mehr als 40 % ihres Heizenergiebedarfs mit Erneuerbaren Energien. www.neckarsulm.de

161 Rottenburg-Oberndorf – Sonnenzentrum 191/E4

Wie ein Gebäude zu 100 % mit Erneuerbaren Energien beheizt wird, lässt sich im Sonnenzentrum in Rottenburg-Oberndorf erleben. **„Bauen und Heizen mit Sonne und Holz"** lautet das Motto einer **Dauerausstellung**. Vorträge zum Thema und **Kollektorbaukurse** ergänzen das Angebot. Jeden dritten Samstag im Monat sind im Rahmen eines **Solarspaziergangs** 30 Gebäude, die verschiedene Arten Erneuerbarer Energien nutzen, unter fachkundiger Führung zu besichtigen.

ⓘ Hartmann Energietechnik, Im Leimengrüble 14, 72108 Rottenburg-Oberndorf, Tel. 07073/30058-0, www.hartmann-energietechnik.de · **ÖPNV:** Bhf. Pfäffingen oder Buslinie 18 von Tübingen bis Haltestelle „Rottenburger Straße".

Stuttgart

BAEDEKER TIPP

!

„Grüner Südschwarzwald“ – Nachhaltig mobil unterwegs

Lautlos und CO_2-frei von den Höhen des Südschwarzwaldes in die Weinberge des Markgräflerlandes fahren oder entlang der Schweizer Grenze den Hochrhein erkunden – dafür bietet der Südschwarzwald heute alle Voraussetzungen: Mit einem umfassenden **E-Bike-Angebot** für Urlauber und einem ständig wachsenden **Netz an Ladestationen** können zwischen Königsfeld, Bad Dürrheim und Blumberg im Osten über den Feldberg bis nach Freiburg, Lörrach oder Basel im Süden der Region Elektroautos aufgeladen werden. Die Stromtankstellen werden überwiegend mit regional produziertem NaturEnergie-Strom aus 100 % Wasserkraft versorgt. Neben **E-Carsharing** für Gäste und Einheimische bieten immer mehr Hotels die Nutzung von E-Fahrzeugen an, teilweise integriert in einen regionalen Carsharing-Verbund. Die **„KONUS-Karte“**, mit der Urlauber kostenlos Busse und Bahnen nutzen können, rundet das nachhaltige Mobilitätsangebot ab.

ⓘ Zum E-Bike-Angebot www.ebike-schwarzwald.de, allgemeine Informationen: www.zukunftsmobilitaet.de

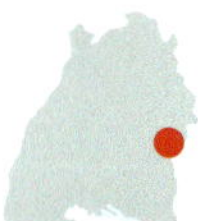

162 Ulm – Gierfähre, Solarboot & Solarstiftung

191/G4

Kraft des fließenden Wassers

Lautlos gleitet die Fähre auf Höhe des Edwin-Scharff-Hauses und der Wilhelmshöhe über die Donau: Die **Gierfähre** – der Name stammt von „gieren“, also „schief stehen“ – wird allein durch die Kraft des fließenden Wassers bewegt. Dazu stellt der Bootsführer den Schiffsrumpf schräg in die Strömung und, wie durch Zauberhand, legt die Fähre, geführt durch ein Stahlseil, zur Überfahrt ab. **Solarzellen im Bootsdach** liefern den umweltfreundlichen Strom für die **abendliche Schiffsbeleuchtung**.

Die historische Art, über den Fluss überzusetzen, in moderner Form – die Gierfähre in Ulm

Auf die Kraft der Natur setzt auch das **Solarboot RA 31**, das

auf Höhe des Metzgerturms in Ulm seine Rundfahrten startet. Die Kapazität der vom Solardach des Katamarans gespeisten Batterien ermöglicht auch bei bewölktem Himmel Reichweiten von 60 bis 80 km.

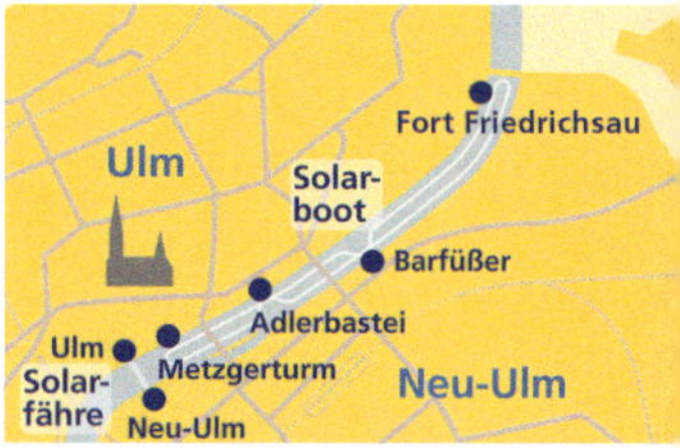

Wieder festen Boden unter den Füßen, gibt es auch in der Stadt – vor allem dank der Solarstiftung Ulm/Neu-Ulm – viele Solarprojekte zu besichtigen. Der 18 m hohe **Solarturm** ist ein besonderer Blickfang: Die Stahlskulptur in den Donauwiesen streckt gleich elf Glas-Solarmodule der Sonne entgegen. Ebenfalls sehenswert ist der **Arbor Solaris** im Stadtteil Eselsberg, eine kunterbunte Skulptur aus Solarmodulen. Die Stadt Ulm belegt seit vielen Jahren den **Meistertitel in der Solarbundesliga** in der Kategorie Großstädte. Seit 2012 ist sie zudem Energiekommune.

ⓘ Solarstiftung Ulm/Neu-Ulm, Münchnerstr. 2, 89073 Ulm, www.solarstiftung.de · **ÖPNV:** Bushaltestelle „Steinerne Straße".

163 Vöhrenbach – Linachtalsperre

190/D5

In Vöhrenbach befindet sich mit der Linachtalsperre die deutschlandweit einzige Staumauer aus einzelnen **Tonnengewölben in Eisenbetonbauweise**. 11.000 m³ Beton wurden zwischen 1922 und 1925 verbaut. Zwischenzeitlich trocken gefallen und fast vergessen, wurde die Talsperre ab 2006 aufwendig instand gesetzt. Das zugehörige Kraftwerk, ein schöner Jugendstilbau, erzeugt heute wieder ca. 1,39 Mio. kWh Strom pro Jahr – genug für etwa 400 Haushalte. Auf einem **Energielehrpfad** werden die Funktionsweise der Anlagen und das Prinzip der Wasserkraftnutzung erklärt.

Alte Staumauer frisch renoviert

ⓘ Tourist-Info Vöhrenbach, Friedrichstr. 8, Tel. 07727/501115, www.voehrenbach.de. Führungen auf Anfrage · **ÖPNV:** Bushaltestelle „Unterlinach Kohlbrücke, Vöhrenbach". Von dort ca 2 km bis zur Staumauer.

Technisches Meisterwerk Linachtalsperre im Schwarzwald-Baar-Kreis

164 Weinheim – Miramar

191/E1

Das Freizeitbad Miramar in Weinheim an der Bergstraße verbindet Wasserspaß und Wellness mit aktivem Klimaschutz: Die Nutzung des **65 °C warmen Thermalwassers** zur Beheizung des Bades vermeidet rund 8.000 Tonnen CO_2 jährlich. Die dazu notwendige Geothermie-Bohrung ist 1.100 m tief und kann bei einer maximalen Pumpleistung von 15 Litern pro Sekunde rund 2,3 MW Heizleistung bereitstellen. Genießen kann man die Wärme auch in der Orangen-/Zitronensauna des Miramars.

Miramar – Wellness mit Geothermie

ⓘ Waidallee 100, Tel. 06201/60000, www.miramar-bad.de · **ÖPNV:** R6, Bhf. Lützelsachsen, von dort Fußweg.

165 Wolpertshausen – Energielehrpfad & Energiezentrum

191/G2

Ein wichtiges Zentrum der Energiewende in der Hohenlohe ist Wolpertshausen, etwa 10 km nordöstlich von Schwäbisch Hall gelegen. Ein **EnergieLEHRPFAD** verbindet dort über **20 verschiedene Energieprojekte** – von Sonnen- und Windenergie über Wasserkraft und Geothermie bis hin zu mehreren Arten der Biomassenutzung mit Holzhackschnitzel, Pflanzenöl, Biogas und vielem mehr. Über 70 % der Energie in Wolpertshausen werden bereits regenerativ erzeugt. Es gibt sogar eine **Solartankstelle** für Elektroautos und einen **Saisonwärmespeicher**. Darüber hinaus sind einige vorbildliche Architekturlösungen zur Energieeinsparung zu sehen. Der Lehrpfad lässt sich nach Themenschwerpunkten in vier Rundkursen zu Fuß oder mit dem Fahrrad erkunden. Kompetente Energieberatung für Anwohner sowie Informationen und Veranstaltungen für Besucher bietet das örtliche **energieZENTRUM**.

Vorbildliche Architekturlösungen

ⓘ energieZENTRUM, Haller Str. 29/1, 74549 Wolpertshausen, Tel. 07904/9413640, www.energie-lehrpfad.de, www.energie-zentrum.com · **ÖPNV:** Bhf. Eckartshausen-Ilshofen, von dort 6 km.

BAYERN

Bayern, das flächenmäßig größte Bundesland, bietet unendlich viele Möglichkeiten für die Nutzung Erneuerbarer Energien: Beim Einsatz von Biomasse als Energiequelle liegt Bayern im Ländervergleich auf Platz 1. Insgesamt werden aus Biomasse rund 6.000 GWh Strom pro Jahr erzeugt, das entspricht dem Energiebedarf von über 1,7 Millionen Haushalten. Auch knapp 40 % aller deutschen Holzpelletanlagen sind in Bayern zu finden. Der hohe Eigenheimanteil erleichtert private Investitionen in Erneuerbare Energien.

Saubere Energie unter weiß-blauem Himmel

Dass Bayern ein **Solarland** ist, ahnen nicht nur die Biergartenbesucher. Mit fast 10.000 MW_p installierter **Photovoltaikleistung** ist Bayern im Ländervergleich deutlich führend. Viele Klöster nutzen die Kraft der Sonne, beispielsweise in Münsterschwarzach, Plankstetten oder Benediktbeuern, und fast zwei Drittel der über 300 Hütten des Deutschen Alpenvereins werden ebenfalls regenerativ versorgt.

Die **Wasserkraft** trägt mit etwa 12 % zur sauberen Stromerzeugung bei, die **Windenergie** wird zunehmend genutzt, spielt aber bislang noch eine vernachlässigbare Rolle.

In besonderer Weise wird Bayern künftig auch ein **Erdwärmeland** sein: Über 80 % des Geothermiepotenzials Deutschlands wurden in bayerischer Erde lokalisiert, v. a. im sogenannten „Molassebecken“ der Voralpenregion (s. a. BAEDEKER Wissen, S. 163 und Metropolenspecial München, S. 166). Eine Besonderheit ist die mit 9.101 Metern tiefste Bohrung der Welt in Windischeschenbach in der Oberpfalz mit Forschungs- und Informationszentrum (www.geozentrum-ktb.de).

Weitere Informationen zur Erdwärmenutzung hält das Wirtschaftsforum Geothermie e. V. (www.wirtschaftsforum-geothermie.de) in Augsburg bereit.

Mit dem Energiekonzept **„Energie innovativ“** strebt das Bundesland bis 2021 einen Anteil der Erneuerbaren Energien von 20 % am Endenergieverbrauch und 50 % an der Stromer-

> **!** WETTERREKORD
>
> *Höchste Windgeschwindigkeit*
>
> Die absolut höchste Windgeschwindigkeit in Deutschland wurde 1985 mit 335 km/h auf der Zugspitze **(192 B6)** gemessen, weltweit liegt das Maximum bei 408 km/h (Barrow Island, Australien). www.dwd.de

Windrekord – der Zugspitzgipfel

zeugung an. Schon heute liegt Bayern auf Platz 2 im Ranking aller Länder bezüglich der Nutzung Erneuerbarer Energien. Folgerichtig wurde Bayern mit dem **LEITSTERN 2012**, dem Bundesländerpreis der Agentur für Erneuerbare Energien, als Aufsteiger ausgezeichnet.

166 Alzenau – Solarparcours

187/F6

Solartechnik erkunden

Der „Solarparcours Alzenau" führt auf zwei Routen (3,5 und 12 km) zu 27 solartechnischen Anlagen in der unterfränkischen Stadt – vom Energiedach bis zur solar versorgten Verkehrsampel. Infotafeln erklären die eingesetzte Technik. ⓘ www.solarstadt.de, www.alzenau.de **ÖPNV**: Ab Bhf. Kahl mit der Kahlgrundbahn Richtung Schöllkrippen bis Alzenau.

167 Benediktbeuern – Kloster

192/C5

Erneuerbare Energien in alten Klostermauern

Das Kloster Benediktbeuern ist eines der ältesten Klöster Oberbayerns. Hier wurden die **Carmina Burana** aufbewahrt, die größte mittelalterliche Sammlung weltlicher und geistlicher Lieder, die durch die Bearbeitung von Carl Orff weltberühmt wurde. Hier steht auch die Glashütte des Optikers **Joseph von Fraunhofer**. Dieser erforschte 1814 das Sonnenspektrum – heute trägt die Fraunhofer-Gesellschaft seinen Namen. Das Kloster Benediktbeuern präsentiert sich seinen Besuchern als ein Ort der Bildung und Kultur mit besonderem Umweltengagement: Das **Zentrum für Umwelt und Kultur**, 1988 von der Ordensgemeinschaft der Salesianer Don Boscos gegründet, ist im Maierhof beheimatet, dem ehemaligen klösterlichen Landwirtschaftsgebäude. Ein reichhaltiges Bildungsangebot erwartet dort Kinder, Jugendliche und Erwachsene. Auf dem Klosterland werden Modellprojekte des **Biotop- und Artenschutzes** umgesetzt. Klima- und Hochwasserschutz sowie der Erhalt wertvoller Moore sind dabei ein besonderes Anliegen. 90 %

Benediktbeuern ist ein Kloster mit großer Tradition – heute zudem ein Veranstaltungsort.

des Wärme- und 40 % des Strombedarfs des Klosters werden erneuerbar gedeckt. Neben einer Wasserkraftanlage (70 kW) ist eine Heizung mit Holzhackschnitzeln in Betrieb (800 kW). Die Dächer sind mit Sonnenkollektoren und einer Solarstromanlage (40 kW_p) bestückt. Die **gläserne Energiezentrale** veranschaulicht die ausgefeilte Technik.

ℹ Zentrum für Umwelt und Kultur (ZUK), Zeilerweg 2, Tel. 08857/88-777, www.zuk-bb.de, www.kloster-benediktbeuern.de · **ÖPNV:** Bhf. Benediktbeuern.

168 Markt Triefenstein – Museum Papiermühle Homburg

191/F1

Im Museum Papiermühle Homburg in Markt Triefenstein bei Würzburg ist die **historische Papierherstellung** mit Wasserkraft lebendig nachzuerleben. Am Fachwerkgebäude aus dem Jahr 1807 treibt heute ein Wasserrad einen Generator an, der mit 4,5 kW Leistung die Energie für das **Mitmachmuseum** liefert. Das dreistöckige Pagodendach besitzt Lüftungsklappen, durch die der Wind strömt und das dort aufgehängte Papier trocknet. Besucher können selbst Papier schöpfen, an Führungen teilnehmen und feine Büttenpapiere erwerben.

Papierherstellung mit Wasserkraft

ℹ Gartenstr. 11, 97855 Markt Triefenstein/OT Homburg/Main, Tel. 09395/99222, www.papiermuehle-homburg.de · **ÖPNV**: Bhf. Lohr am Main, von dort Buslinie 8050 u. 8051 bis Homburg am Main. Das Reiseziel liegt am Maintal-Radweg.

! BAEDEKER TIPP

Solarbier – gebraut mit der Kraft der Sonne

Wer gerne ein kühles Bier trinkt und Brauereien bevorzugt, die sich weitgehend bzw. komplett mit Erneuerbaren Energien versorgen, kann sich am Siegel „Solarbier" orientieren:

Solarbier® Gebraut mit der Kraft der Sonne

Deutschlandweit sind bereits mehr als 25 Brauereien zertifiziert, die meisten liegen in Bayern. Eine aktuelle Karte finden Sie im Internet unter: www.solarbier.de.

Energie aus der Tiefe

Die Erdwärmenutzung, auch Geothermie genannt, bietet große Potenziale für eine umweltfreundliche Energiegewinnung. Erdwärme steht rund um die Uhr zur Verfügung. In der Erdkruste nimmt die Temperatur alle 100 Meter um etwa 3 °C zu. In einem Kilometer Tiefe kann es schon mehr als 40 °C warm sein.

Oberflächennah lässt sich Geothermie mittels Erdkollektoren, Energiepfählen und Grundwassersonden fast überall nutzen. Schon kleinste Temperaturunterschiede können von Wärmepumpen effektiv genutzt werden. Eine Wärmepumpe funktioniert im Prinzip wie ein nach außen gekehrter Kühlschrank: Sie entzieht der Erde, dem Grundwasser oder der Umgebungsluft Wärme und gibt Kälte nach außen ab. Die geringen Wärmemengen verdichtet sie zu nutzbarer Heizwärme.

Beim Einsatz der **Tiefengeothermie** kann durch die höheren Temperaturen neben der Wärme auch Strom gewonnen werden. Dazu

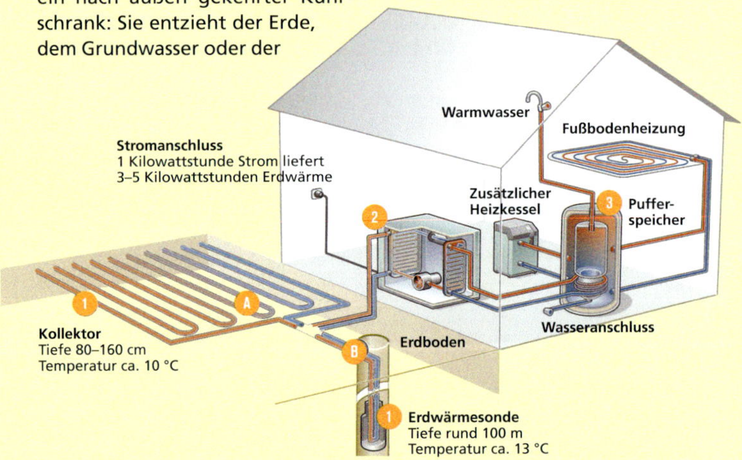

Wärme aus der Erde: wie man mit oberflächennaher Geothermie heizen kann

1 Die in der Erde oder der Umwelt enthaltene Wärme temperiert kaltes Wasser, das durch Kollektor oder Sonde strömt, ein wenig vor.

2 Eine Wärmepumpe entzieht dem Wasser diese Wärme und verdichtet sie zu höheren Temperaturen. Wärmepumpen beruhen auf einem ähnlichen Prinzip wie Kühlschränke.

3 Die Erd- oder Umweltwärme wird gespeichert und steht zum Heizen und zur Warmwasserbereitung zur Verfügung.

Erdwärme wird entweder mit großen Kollektoren in der Nähe der Oberfläche gewonnen A oder mit einer Erdwärmesonde aus größerer Tiefe gefördert B.

sind sehr aufwendige Bohrungen erforderlich, die in mehrere Kilometer Tiefe vordringen. Je nach der geologischen Situation bieten sich verschiedene Verfahren zur Nutzung der Tiefenwärme an. Bei der **hydrothermalen Geothermie** werden natürliche **Thermalwasservorkommen** zur Wärmegewinnung genutzt. Günstige Bedingungen gibt es dazu im Norddeutschen Tiefland, im Oberrheingraben sowie im Voralpenland. Praktisch überall lassen sich aber auch warme, trockene Gesteinsschichten anbohren, um dort künstliche Klüfte zu erzeugen, durch die man später Wasser zirkulieren lässt **(petrothermale Geothermie)**

Nutzungsarten Geothermie

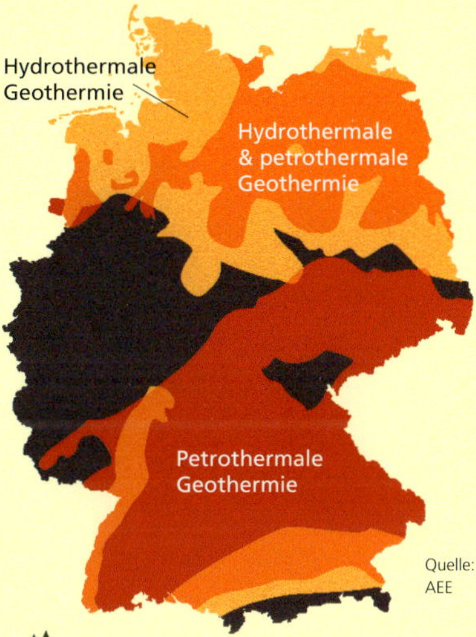

Quelle: AEE

Geothermie in Bayern

Bayern ist Deutschlands **Vorzeigebundesland für Tiefengeothermie**. Zwischen Donau und Alpen versank vor etwa 150 Mio. Jahren ein tropisches Urzeitmeer und hinterließ eine oft 500–600 m mächtige und mit heißem Wasser gefüllte Kalkschicht (Malm) im Untergrund. Je näher man den Alpen kommt, desto tiefer liegt diese. Weitere Informationen finden Sie unter: www.geothermie.de

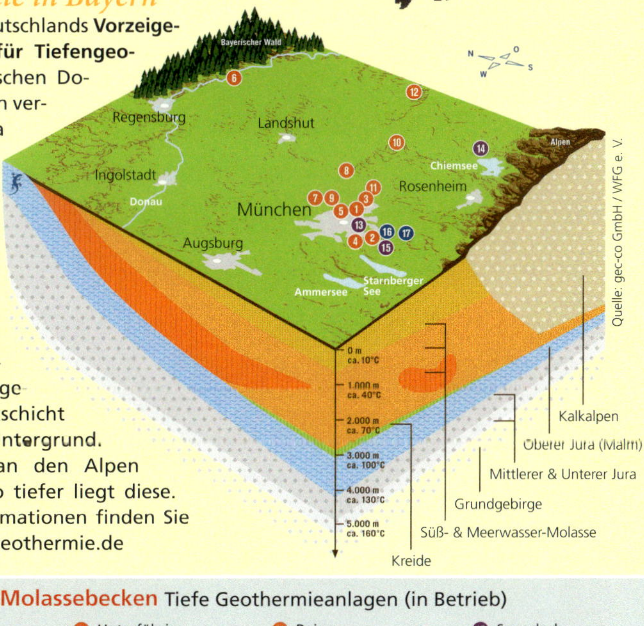

Quelle: gec-co GmbH / WFG e. V.

Bayerisches Molassebecken Tiefe Geothermieanlagen (in Betrieb)

Fernwärme
1. München-Riem
2. Oberhaching-Laufzorn
3. Aschheim, Feldkirchen, Kirchheim
4. Pullach
5. Unterföhring
6. Straubing
7. Unterschleißheim
8. Erding
9. Garching
10. Waldkraiburg
11. Poing
12. Simbach/Braunau

Strom & Fernwärme
13. Unterhaching
14. Traunreut
15. Sauerlach

Strom
16. Dürrnhaar
17. Kirchstockach

169 Mittenwald – Brunnsteinhütte

192/B6

Regenerativ versorgte Berghütte

Die Brunnsteinhütte, oberhalb von Mittenwald im Karwendel gelegen, schmückt unter anderem das **Umweltsiegel** des Deutschen Alpenvereins. Fast ihr gesamter Energiebedarf wird mit Erneuerbaren Energien gedeckt: Ein rapsölbetriebener Motor versorgt die 1.300 Meter lange Materialseilbahn, angekoppelt ist eine Lichtmaschine, die umweltfreundlich den Strom für die Hütte erzeugt. Weitere Elektrizität kommt aus Solarmodulen (2 kW_p), die auf dem Dach montiert sind. Die Brunnsteinhütte lädt im Sommer Bergwanderer zur Rast, bietet 38 Schlafplätze und ist idealer Ausgangspunkt für kleinere oder größere Touren über den **Mittenwalder Höhenweg**.

Sonne und Rapsöl versorgen die Hütte.

ⓘ Zweistündiger Fußweg von Mittenwald (600 Höhenmeter), Tel. 08823/326951, www.brunnsteinhuette.de

170 Münsterschwarzach – Benediktinerabtei

191/G1

> **! BAEDEKER TIPP**
>
> *Literaturtipp*
>
> Im Buch „Aus der Schöpfung leben – Erneuerbare Energien nutzen" stellen der Grünen-Politiker Hans-Josef Fell und Pater Christoph Gerhard die Verbindung zwischen der Nutzung Erneuerbarer Energien und der benediktinischen Schöpfungsspiritualität her. Vier-Türme-Verlag, ISBN 978-3-89680-348-1.

Die Benediktinerabtei Münsterschwarzach bei Kitzingen in Unterfranken hat bereits seit dem Jahr 2008 eine **ausgeglichene CO_2-Bilanz**. „Etwa 90 bis 95 % unserer Energie kommen inzwischen aus regenerativen Quellen", berichtet Pater Christoph Gerhard, der für das Energieprojekt der Abtei verantwortlich ist.

Die Modernisierung eines bereits bestehenden Wasserkraftwerkes mit

Die Solar-Abtei Münsterschwarzach versorgt sich zum Großteil selbst aus erneuerbaren Energiequellen.

20 kW Leistung und der Bau einer Solarstromanlage (25,2 kW_p) auf den Landwirtschaftsgebäuden bildeten im Jahr 2001 den Anfang. 2002 beteiligten sich die Mönche an einem Windpark in Niedersachsen, in der Nähe ihres Priorats in Damme. Seit 2012 ist eine zweite Photovoltaikanlage mit 25 kW_p in Betrieb. Eine große **Holzhackschnitzelheizung** (1,2 MW) deckt heute einen Großteil des Wärmebedarfs der Abtei, die **Biogasanlage** erzeugt mehr regenerativen Strom, als das gesamte Kloster benötigt. Eine **18-m²-Solarkollektoranlage** dient der Warmwasserbereitung. Der **Wissenstransfer** liegt den Mönchen sehr am Herzen, und so kommen die in Münsterschwarzach gewonnenen Erfahrungen auch den Zweigstellen des Ordens, beispielsweise im **ostafrikanischen Tansania**, zugute. **Führungen** werden nach vorheriger Anmeldung von Bruder Edmar angeboten (Tel. 09324/20-294).

Lang laufendes Projekt

ⓘ 97359 Münsterschwarzach/Abtei, Schweinfurter Str. 40, Tel. 09324/20-0, www.solar-abtei.de · **ÖPNV:** Bhf. Kitzingen.

? BAEDEKER WISSEN

171 *Pliening – Biogas im Erdgasnetz* 192/C4

Wussten Sie schon, dass **die erste Biogasanlage in Deutschland**, die ins Erdgasnetz einspeiste, in Pliening östlich von München gebaut worden war? Sie ging im Jahr 2006 in Betrieb und speist pro Stunde 485 Kubikmeter Biomethan ins Erdgasnetz ein. Außerdem produziert sie im Jahr ca. 42 Mio. Kilowattstunden Strom – das ist so viel, wie 12.000 Haushalte verbrauchen. Mittlerweile speisen in Deutschland rund 120 Anlagen ein. In Pliening kommen übrigens ausschließlich nachwachsende Rohstoffe (Mais- und Ganzpflanzensilage, Zwischenfrüchte) von landwirtschaftlichen Betrieben aus der Region zum Einsatz.

Weltstadt mit thermalem Herz

Unter München, seit Jahrzehnten als Weltstadt mit Herz bekannt, pulsiert warmes Wasser. Die bayerische Metropole ist Teil des zur Erdwärmenutzung prädestinierten oberbayerischen Molassebeckens.

Europas größte Therme steht in Erding.

In und um München sind einige der bundesweit interessantesten **Geothermieprojekte** zu besichtigen. Dazu zählen Europas größte Therme in Erding (Nr. 172) und das Geothermiekraftwerk in Unterhaching (Nr. 178).

Seit 2012 wird auch die berühmte **Bavaria-Filmstadt** (www.filmstadt.de) im Grünwalder Stadtteil Geiselgasteig mit Erdwärme beheizt (www.erdwaerme-gruenwald.de). Interessant sind auch die regelmäßig angebotenen Führungen durch die Fernwärmeanlage in Unterföhring (www.geovol.de).

172 Erding – Therme und Geoheizwerk 192/C4

Der Thermalwasserfund in Erding beruht auf einem glücklichen Zufall: Als Erdölbohrung geplant, kam bei Arbeiten im Jahr 1988 aus 2.350 m Tiefe **63 °C heißes Thermalwasser** zutage. Was lag näher, als diesen Naturschatz zu nutzen: 1999 eröffnete das Thermalbad und avancierte inzwischen zu **Europas größter Thermenwelt**. Doch nicht nur die Thermenbesucher profitieren vom warmen Heilwasser. Im **Geoheizwerk** wird das Thermalwasser zu Trinkwasser aufbereitet und ins Wassernetz eingespeist und aus der Erdwärme wird zudem **Fernwärme**, die über das Leitungsnetz des Geowärme-Zweckverbandes in zahlreiche Siedlungen verteilt wird.

ⓘ Thermenallee 1–5, Tel. 08122/2270-0, www.therme-erding.de · **ÖPNV:** S2 bis „Altenerding", dann Bus 550/560/570.

173 Glonn – Herrmannsdorfer Landwerkstätten 192/C5

Südöstlich von München setzt man in den Herrmannsdorfer Landwerkstätten bei der Erzeugung und Vermarktung von Lebensmitteln konsequent auf **Regionalität**: Fleisch aus der Gegend wird in der Metzgerei wie früher als Warmfleisch zu Spezialitäten verarbeitet. In der Bäckerei lodert der **Holzofen**, charaktervolle **Rohmilchkäse** reifen in der Käserei heran, und in der **Brauerei** entsteht das süffige Herrmannsdorfer Schweinsbräu. Im gleichnamigen Wirtshaus wird es vor Ort ausgeschenkt, im Sommer auch im schönen **Bio-Biergarten**. Kulturveranstaltungen, Hoffeste und Kunsthandwerkermärkte runden das Angebot ab und locken alljährlich rund 100.000 Besucher hierher. Strom und Wärme erzeugen eine **Biogasanlage** (40 kW) und ein **Solarstromkraftwerk** (38 kW_p). Es gibt eine **biologische Kläranlage** und das Teichwasser wird zur Kühlung genutzt.

ⓘ Herrmannsdorf 7, Tel. 08093/ 9094-0, www.herrmannsdorfer.de · **ÖPNV:** Bhf. Grafing, dann Bus 440 bis Westerndorf, weiter zu Fuß.

174 Fröttmaninger Windkraftanlage 192/C4

Unmittelbar am Autobahnkreuz München Nord, in direkter Nachbarschaft zur Allianz-Arena des FC Bayern, steht unübersehbar die Fröttmaninger Windkraftanlage der Stadtwerke München (SWM). Der ehemalige „Müllberg Großlappen" aus den 1960er-Jahren ist etwa 70 m höher als die Umgebung. Die An-lage (1,5 MW) hat einen rund **70 m hohen Turm** und erzeugt im Jahr etwa so viel Strom, wie 1.000 Haushalte verbrauchen.

ⓘ Lottlisa-Behling-Weg, 80939 München, www.swm.de · **ÖPNV:** Haltestelle „Fröttmaning" der U6, Stadtbus 181 „Fröttmaning Auensiedlung".

Die Solarfassade der Pasinger Fabrik

! BAEDEKER TIPP

München – Deutsches Museum

Im größten Technikmuseum Deutschlands gibt es eine eigene Dauerausstellung zum Thema Energie mit vielen Exponaten, Mitmachstationen und Modellen. Neuerdings ist sie um den Bereich Windenergie ergänzt und der Teil zur Sonnenenergie wurde aktualisiert.
Museumsinsel 1, 80538 München, Tel. 089/2179-1, www.deutsches-museum.de; ÖPNV: S-Bahn Haltestelle „Isartor".

175 Pasinger Fabrik 192/C4

Kunst, Kultur und Kreativität haben einen Ort: die Pasinger Fabrik, ein **Kultur- und Bürgerzentrum** am Bahnhof München–Pasing. Münchens kleinstes Opernhaus, Theater, Konzerte und Ausstellungen ziehen regelmäßig Gäste an. Eine lamellenartige **Solaranlage** erstreckt sich über 40 m Länge vorgesetzt vor der Südfassade. Die frei stehende Stahlkonstruktion dient Lichtkünstlern als Projektionsfläche und setzt das Gebäude abends effektvoll in Szene. Eine weitere,

Im Untergrund

Oberirdisch ist vom **Praterkraftwerk** nicht viel zu sehen. Wenn Sie auf der Maximilianbrücke mit Blick flussabwärts stehen – siehe Markierung auf der Karte –, befindet sich hinter Ihnen, ca. 50 m flussaufwärts, das Einlaufbauwerk. Der unterirdische Zulaufstollen ist ca. 200 m lang. Das Auslaufbecken ist flussabwärts in ca. 150 m Entfernung zu sehen.

sechsmal größere Solarstromanlage befindet sich auf dem Dach der Fabrik. Zusammen erzeugen sie so viel Strom, wie elf Haushalte im Jahr verbrauchen.

ⓘ August-Exter-Str. 1, Tel. 089/829290-0, www.pasinger-fabrik.com

176 Praterkraftwerk 192/C4

Mit dem Praterkraftwerk wurde im Jahr 2009 im Herzen Münchens ein **unterirdisches Wasserkraftwerk** errichtet. Oberhalb des Praterwehrs wird das Wasser der Großen Isar in das Einlaufbauwerk abgeleitet und über eine 200 m lange unterirdische Druckleitung unter dem Flussbett zur Turbine geleitet. Auf diesem Weg überwindet es eine Fallhöhe von 9 m. Mit maximal 34 Kubikmeter pro Sekunde hat es genug Kraft, um die Kaplan-Turbine sowie den getriebelosen Generator anzutreiben.

ⓘ Führungen ins Innere auf Anfrage möglich. Green City Energy AG, Zirkus-Krone-Str. 10, 80335 München, Tel. 089/890668-800, www.greencity-energy.de · **ÖPNV:** Tramlinien 17 und 19 bis Haltestelle „Maxmonument".

177 Tierpark Hellabrunn 192/C5

Der Tierpark Hellabrunn im Landschaftsschutzgebiet der Isarauen beherbergt auf 40 ha Fläche 19.000 Tiere aus über 750 Arten. Da fallen natürlich viele Futterreste und Tiermist an. Jährlich rund 2.000 t der Bioabfälle werden in einer **Biogasanlage** auf dem Gelände zu Methan vergoren, das dann in einem **Blockheizkraftwerk** zu Strom (40 kW) und Wärme (74 kW) umgewandelt wird. Der Strom, etwa so viel, wie 100 Haushalte verbrauchen, geht ins allgemeine Stromnetz, die Wärme wird im Tierpark genutzt.

Die Biogasanlage steht hinter dem Urwaldhaus. Am Gehege der Elefanten, die maßgeblich zum Betrieb der Biogasanlage beitragen, gibt es für Besucher eine Informationstafel.

ⓘ Tierparkstr. 30, 81543 München, Tel. 089/625080, www.tierpark-hellabrunn.de · **ÖPNV:** U3 bis „Thalkirchen (Tierpark)".

178 Unterhaching – Geothermiekraftwerk 192/C5

In Unterhaching wurde 2007 eines der modernsten Tiefengeothermie-Kraftwerke Europas errichtet. Aus einer Tiefe von 3.500 m wird 123 °C heißes Thermalwasser an die Erdoberfläche geholt. Die darin enthaltene Energie speist ein Fernwärmenetz und dient über einen Dampfkreislauf zur Stromerzeugung. Kraftwerk und Fernwärmenetz können eine Wärmevollversorgung der Kunden in der 23.000 Einwohner zählenden Gemeinde sicherstellen. Das mehrfach auch international ausgezeichnete Projekt hat eine ganze Reihe weiterer Geothermieprojekte in Deutschland und darüber hinaus initiiert. Führungen nach Vereinbarung.

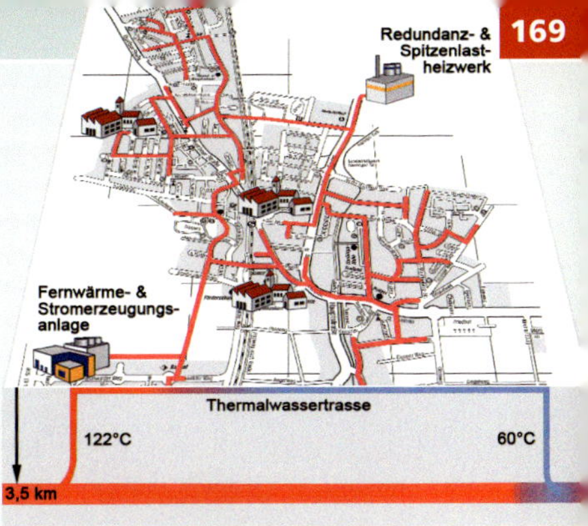

Unterhaching: Die Geothermie produziert Fernwärme und Strom.

ⓘ Geothermie Unterhaching, Bahnhofsweg 8, Tel. 089/6659826-0, www.geothermie-unterhaching.de
ÖPNV: Bhf. Unterhaching.

München

Traumhaftes Franken

Die Metropolregion reicht weit über das Stadtgebiet und das Umland Nürnbergs hinaus. Weite Teile Frankens sind Teil der gemeinsam vermarkteten Wirtschaftsregion.

Unter dem UNESCO-Welterbe „Bamberger Altstadt" wird Energie erzeugt.

Zur Metropolregion gehören unter anderem die UNESCO-Weltkulturerbestadt Bamberg und die Festspielstadt Bayreuth. Coburg im Norden mit seiner herrlichen Altstadt zählt ebenso dazu wie die Oberpfalz im Südosten mit den Landkreisen Weiden, Amberg-Sulzbach und Neumarkt. Insgesamt haben sich 22 Landkreise und elf kreisfreie Städte zusammengeschlossen (www.metropolregion-nuernberg.de). Zu den erklärten Zielen gehören die **Förderung regionaler regenerativer Energien** (s. a. Bioenergieregion Bayreuth) und die **Unterstützung regionaler Wirtschaftskreisläufe** unter dem Label „Original Regional" (www.original-regional.info).

179 Bamberg – Unterflur-Wasserkraftwerk 188/B6

Das bei seiner Errichtung in den 1980er-Jahren größte **Unterflur-Wasserkraftwerk** Europas liegt inmitten der **malerischen Altstadt von Bamberg**, in Sichtweite des historischen Brückenrathauses. Unter dem Fluss befinden sich eine gewaltige Maschinenhalle mit drei Kaplan-Rohrturbinen (3 x 90 kW) und ein zweites Maschinenhaus mit einer 95-kW-Turbine, die zusammen Strom für etwa 1.000 Haushalte erzeugen. Besucher können über der größeren Turbine auf der Terrasse des „Eckerts", dem „Neuen Wirtshaus mitten im Fluss", eine Rast einlegen. Beidseits strömt hier das Hauptgewässer des linken Regnitzarmes vorbei. Auf einer **Infotafel** wird alles Wissenswerte über das Kraftwerk erläutert, auf Anfrage gibt es Führungen. Der Strom wird vom benachbarten Studentenwohnheim genutzt und in das öffentliche Stromnetz eingespeist.

ⓘ Obere Mühlbrücke 9, 96049 Bamberg, Tel. 0951/9842500 (Wirtshaus), www.das-eckerts.de. Technik: www.joseph-stiftung.de/ueber_uns/wasserkraftwerk · **ÖPNV:** Bushaltestellen „Schillerplatz" bzw. „Schranne".

180 Bayreuth – Bioenergie-Modellregion 188/C6

Die Bioenergie-Modellregion Bayreuth geht neue Wege: **Energiekunst** soll als kreativer Motor die regionalen Projekte zur Energiewende beflügeln. Das Projekt **„energy-in-art"** (www.energy-in-art.de) will Menschen auf emotionale Weise ansprechen und zum Mitmachen einladen. Drei Großskulpturen und eine Reihe kleinerer Kunstobjekte wurden inzwischen an Orten, die einen besonderen Bezug zu Erneuerbaren Energien aufweisen, errichtet: die Skulptur **Holzmantel**, vor dem Waldinformationszentrum „Waldhaus Mehlmeisel" (Waldhausstr. 100, Mehlmeisel), die Skulptur **Indikator** auf einer Weide in Bayreuth (Adolf-Wächter-Str., Nähe Haus 25) und die Skulptur **Photosymbiose** (Speichersdorf, Ortsteil Wirbenz, am südlichen Ortsrand, ausgeschildert). Ebenfalls einen Besuch wert ist der **Naturkunstraum „Rund um die Neubürg"** (www.neubuerg-fraenkische-schweiz.de).

„Energy in Art" bei Bayreuth

Egloffstein in der Fränkischen Schweiz

181 Egloffstein – Radwanderweg Trubachtal 192/B1

In der Fränkischen Schweiz kann man Erneuerbare Energien in herrlicher Landschaft buchstäblich „erfahren": Ein etwa 20 km langer Radwanderweg durchs Trubachtal führt von Gräfenberg durch das relativ flache Tal bis nach Ebermannstadt. Am Wegesrand kann der Pedaleur u. a. eine **Windkraftanlage** und mehrere **Wasserkraftwerke in Betrieb** erleben sowie an einer **Stromtankstelle** an der „Pension Mühle" in Egloffstein sein Pedelec aufladen. Die dortige **Wasserturbine** (12 kW) erzeugt jeden Tag rund 300 kWh Strom.

ⓘ Pension Mühle, Talstr. 10, Tel. 09197/1544, www.pension-muehle.com · **ÖPNV:** Ab Forchheim mit Buslinie 222.

Lagerfeuer auf dem Mohrenhof

182 Geslau – Mohrenhof Franken 192/A2

Auf dem Mohrenhof, östlich von Rothenburg ob der Tauber gelegen, gibt es speziell für Familien viel zu entdecken, u. a. kann man Ponys füttern und Kühe melken. Sportlich geht's zu beim Planschen und Paddeln, beim Bogenschießen oder Kartfahren. Am **Biergarten** steht eine urige Grillhütte.

Übernachten kann man auf dem **Campingplatz** am idyllischen **naturbelassenen Badesee**, im Ferienhaus oder in gemütlichen skandinavischen Ferienhütten. Familie Mohr erzeugt Wärme und Strom für Hof und Gäste mit einer **Biogasanlage** (190 kW_{el}/ 180 kW_{th}), einer Hackschnitzelheizung (300 kW_{th}) sowie einer Photovoltaikanlage (120 kW_p).

ⓘ Lauterbach 3, 91608 Geslau, Tel. 0170/3584733, www.mohrenhof-franken.de, www.biogas-kanns.de · **ÖPNV:** Bhf. Rothenburg ob der Tauber.

183 Hiltpoltstein – Biogasanlage 192/C1

Die Anlage der Bioenergie Hiltpoltstein mitten in der Wanderregion Fränkische Schweiz, die von einer Tochtergesellschaft des **Ökostromanbieters NATURSTROM AG** betrieben wird, erzeugt jährlich ca. 4,5 Mio. kWh Strom und dient darüber hinaus der Forschung: Hier werden **alternative Substrate** angebaut und verarbeitet, die im Vergleich zum Mais große ökologische Vorteile bieten. Eine der Versuchsflächen mit Energiepflanzen liegt direkt bei der Anlage. Bei Führungen können die einzelnen Verfahrensschritte der Biogasproduktion besichtigt werden. Sehenswert sind die **innovative ORC-Anlage**, mit der aus der Abgaswärme der Blockheizkraftwerke ein zweites Mal Strom gewonnen wird, sowie das Abgasreinigungssystem, das der **Verringerung von**

Im pittoresken Hiltpoltstein steht eine innovative Biogasanlage.

schädlichen Emissionen dient. Auf dem Dach der Halle ist eine **Photovoltaikanlage** installiert, deren Strom zur Deckung des eigenen Bedarfs genutzt wird.

ⓘ NATURSTROM AG, Forchheim, Tel. 09191/62565-0, www.naturstrom.de. Auf Anfrage kostenfreie Führungen ab drei Personen. Standort: Gewerbegebiet 15, 91355 Hiltpoltstein · **ÖPNV:** Mit der Regionalbahn bis Gräfenberg, von dort mit dem Bus bis Hiltpoltstein, Haltestelle „Hauptstraße".

184 Nürnberg – Tiergarten 192/B1

Delfine und tropische Seekühe, auch Manatis genannt, fühlen sich im Nürnberger Tiergarten besonders wohl: Dafür sorgen **solarthermische Anlagen**, die das Wasser und die Gebäude beheizen. Am **Delfinarium** sind **PV-Luft-Kollektoren** installiert: Dies sind Solarstromelemente, hinter denen Luft zirkuliert und erwärmt wird, bevor sie in den Zuschauerraum geleitet wird. Die damit einhergehende Kühlung der Solarzellen erhöht zudem deren Leistung bei der Stromerzeugung. Zum **verglasten Luftsammelkanal** der Anlage haben auch Besucher Zugang. Man steht dann in einem 20 km/h schnellen und 60 °C heißen Luftstrom und erlebt die Kraft der Sonne in ungewohnter Weise. Eine Anzeigetafel zeigt den aktuellen Energiefluss an. Auf dem Technikgebäude des **Manati-Hauses** gibt es eine weitere neue **Solarthermieanlage** mit 120 m² Fläche, angeordnet in einer langen Kollektorreihe, die im Sommer das Manati-Becken sowie die außenliegenden Becken der Delfinlagune beheizt.

ⓘ Am Tiergarten 30, 90480 Nürnberg, Tel.: 0911/54546, www.tiergarten.nuernberg.de · **ÖPNV:** Tram 5, Endhaltestelle „Tiergarten" oder Bus 65. Am Eingang gibt es auch eine Elektrotankstelle.

185 Plankstetten – Benediktinerabtei 192/C2

Die Benediktinerabtei Plankstetten nördlich von Beilngries in der Oberpfalz setzt seit Jahren auf **nachhaltiges, regionales und ökologisches Wirtschaften**. Landwirtschaftliche Erzeugnisse werden vor Ort umweltfreundlich produziert, verarbeitet und vermarktet. Die Wärmeversorgung wird über ein großes **Biomasseheizwerk** (450 kW) gesichert, **Photovoltaikanlagen** erzeugen ca. 40 % des klösterlichen Strombedarfs (230 kW_p) eine **Solaranlage** liefert Wärme (60 m²) und Fahrzeuge fahren mit Pflanzenöl.

ⓘ Klosterplatz 1, Tel. 08462/206-0, www.kloster-plankstetten.de · **ÖPNV:** Ab Neumarkt/Oberpfalz Bus 515, Haltestelle „Plankstetten Ost".

Nürnberger Tiergarten

Radtouren durch die Fränkische Schweiz

Die Fränkische Schweiz ist bekannt für gutes Essen und als touristisches Ziel zum Wandern, Klettern, Biken und Kanufahren. In Forchheim, dem Tor zur Fränkischen Schweiz, hat der deutschlandweit tätige Ökostrom- und Biogasanbieter NATURSTROM AG seinen größten Standort für Projektierung.

1. „Hochweg Fränkische Schweiz"

Die erste Tour startet in 186 **Bamberg**, dessen wunderbare Altstadt zum **UNESCO-Welterbe** zählt. Bei der Touristinfo in der Geyerswörthstraße kann man **Elektrofahrräder** leihen. Über den Bahnhof führt die Route auf dem landschaftlich reizvollen „Hochweg Fränkische Schweiz" über Tiefenellern (Abzweigung nach Neudorf oder Poxdorf) zum **Windpark in Neudorf**. Die NATURSTROM AG hat hier im Jahr 2011 drei imposante Windräder errichtet. Mit 7,5 MW Leistung erzeugt der Windpark jährlich rund 16 Mio. kWh sauberen Strom – genug für mehr als 5.000 **natur**strom-Kunden. Zahlreiche bunte Handabdrücke an einer der Anlagen zeugen davon, dass es sich hier um einen **Bürgerwindpark** handelt – „Energie in Bürgerhand". Damit alle Anwohner/-innen der umliegenden Ortschaften von der sauberen Stromerzeugung profitieren können, erhalten sie einen Nachbarschaftsrabatt bei der Versorgung mit **natur**strom.

Bürgerwindpark Neudorf

2. Von 187 Forchheim aus die Regnitz erkunden

In Forchheim beginnt der **Radwanderweg Regnitz**. Nach etwa drei Kilometern biegt man hinter der Schleuse in Hausen zum **Solarprojekt „Reitstall Kupfer"** ab (Photovoltaikanlage 73 kW_p). Mit Kindern empfiehlt sich ein Abstecher in den **Freizeitpark Schloss Thurn** in Heroldsbach. Über Adelsdorf geht es nach Willersdorf zur **Brauerei Rittmayer** (Willersdorf 108, www.rittmayer.com). Nur drei Kilometer östlich steht die **Biogasanlage Hallerndorf**, die seit Ende 2011 von vier Biolandwirten gemeinsam mit NATURSTROM betrieben wird. Vor allem wird hier Kleegras eingesetzt, was das Projekt besonders ökologisch macht. Von hier ist man schnell wieder über den Radwanderweg Regnitz zurück am Ausgangspunkt Forchheim.

Biogasanlage Hallerndorf

ⓘ NATURSTROM AG, Forchheim, Tel. 09191-62565-0, www.naturstrom.de, Führungen nach Anmeldung. Infos zu E-Bike-Verleih und Ladestationen in der Region bei der Tourismuszentrale Fränkische Schweiz in Ebermannstadt, Tel. 09191/861054, www.fraenkische-schweiz.com

188 Pottenstein – E-Fun-Park 192/C1

„Weniger Lärm – mehr Spaß!" verspricht der E-Fun-Park im fränkischen Pottenstein. Die neue Freizeiteinrichtung bezieht **Ökostrom für ihre Fahrzeuge** von der eigenen **Photovoltaikanlage** (30 kW_p). Mit Elektrokarts kann man auf einer Rennpiste bis zu 52 km/h erreichen. Ein **Geschicklichkeitsparcours für Segways** sorgt mit seiner Wippe für großen Spaß, für die Kleinen gibt es eine Elektro-Quad-Piste. Im Biergarten wird frisches, als **„Solarbier"** zertifiziertes Bier einer regionalen Brauerei ausgeschenkt. Im E-Fun-Park können auch **Elektrofahrräder** geliehen werden. Damit lassen sich die touristischen Sehenswürdigkeiten der Fränkischen Schweiz erkunden, wie die nahe gelegene **Teufelshöhle**.

Pottenstein – E-Fun-Park

ℹ Am Langen Berg 28, 91278 Pottenstein, Tel. 09243/7014011, www.e-park-pottenstein.de · **ÖPNV:** Bhf. Pegnitz mit Busanschluss nach Pottenstein.

Nürnberg

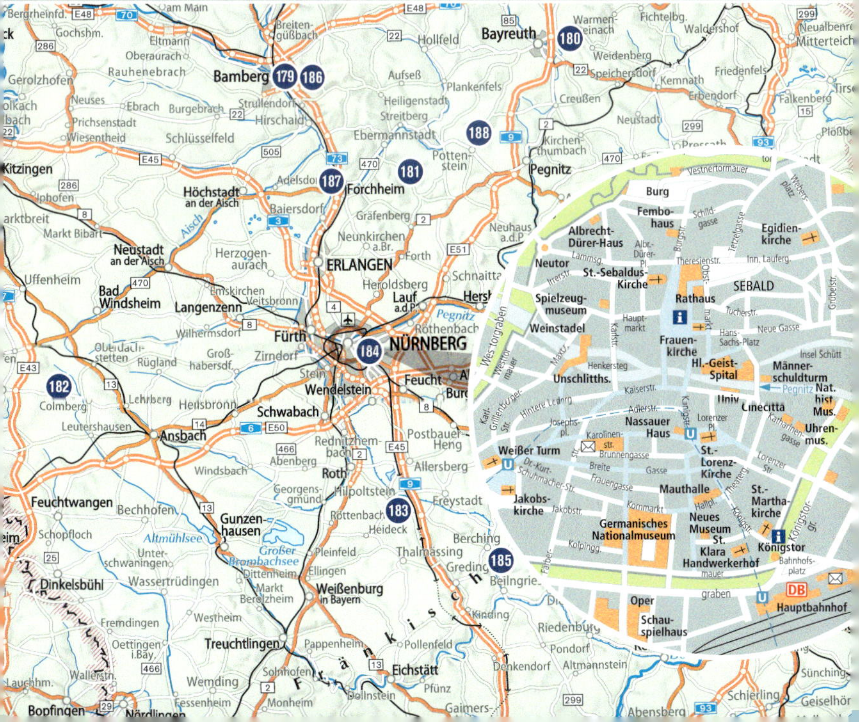

Bei einer Rundreise durch die Bioenergie-Region Achental erwarten Sie wunderbare Landschaftserlebnisse.

189 Schleching – Ökomodell Achental

192/D5

Energie-Karte Achental

Südlich des Chiemsees haben sich neun Gemeinden zum Verein **Ökomodell Achental** e. V. zusammengeschlossen, um Naturschutz, Tourismus, regionale Landwirtschaft und den Einsatz Erneuerbarer Energien aktiv voranzubringen. Entlang des 65 km langen **Achental-Radweges** sind fast 30 Energieprojekte zu besichtigen. Alle Projekte sind auf der **„Energie-Karte Achental"** verzeichnet, die an den örtlichen Tourist-Infos erhältlich ist oder unter www.oekomodell.de zum Download bereitsteht. Zu den Höhepunkten zählen das **Elektrizitätswerk in Bergen** (65 kW), die mit Bioenergie belieferten Fernwärmeversorgungen in Grassau und Grabenstätt, eine Kleinwindanlage im Gewerbegebiet Grassau sowie die Biogasanlage in Marquartstein mit kombinierter Strom- und Wärmenutzung. Am **Biomassehof Achental** in Grassau ist modernste Bioenergieproduktion aus regionalen Rohstoffen zu besichtigen. Der Hof ist zugleich das zentrale Projekt zum Ausbau der Bioenergie in der Region. Eine Ablesestation in der Tourist-Information in Schleching ermöglicht den Blick auf die regenerative Erzeugung im Achental in Echtzeit. Eine Rundreise durch die **Bioenergieregion** startet am besten in Übersee, wo eine Kurzumtriebsplantage angelegt wurde.

ⓘ Ökomodell Achental e. V., Kirchplatz 1, 83259 Schleching, Tel. 08649/986655, www.oekomodell.de · **ÖPNV**: Bhf. Übersee/Achental-Buslinie.

190 Selbitz – Tour de Energie

188/C5

Auf der „Tour de Energie“, einem **Rundwanderweg** durch den Frankenwald bei Selbitz, kann man an vier Erlebnisstationen das technische Prinzip verschiedener Arten der Energieerzeugung kennenlernen. Die **Wasserkraft** wird am Rothenbach mittels einer Peltonturbine (12,5 kW) genutzt, bei Rothenbürg ist eine **Holzhackschnitzelheizung** (75 kW) in Betrieb, am Weiler Hüttungshaus erzeugt eine **Solaranlage** (4 kW_p) Strom und zwischen Sellanger und Stegenwaldhaus betreibt die Kreisgruppe Hof des Bund Naturschutz eine **Windenergieanlage** (500 kW). Von Stegenwaldhaus geht es mit der Bahn (Bahnlinie Bad Steben–Hof) wieder zurück nach Selbitz.

ⓘ BN Bayern, Kreisgruppe Hof, Tel. 09281/16306, www.selbitz.de (Unterpunkt Freizeit), www.bundnaturschutz.com. Geländeführungen ganzjährig nach Vereinbarung · **ÖPNV**: Bhf. Selbitz bzw. Stegenwaldhaus.

BAEDEKER WISSEN

? *Wussten Sie schon ...*

... dass im Frankenwald jährlich so viel Holz nachwächst, wie 17.000 Haushalte zum Heizen benötigen?

191 Waldmünchen – Bioenergiedorf Schäferei

193/E2

Erstes Bioenergiedorf Bayerns

Das kleine Dorf Schäferei an der tschechischen Grenze ist durch das Engagement seiner Bürger zum ersten Bioenergiedorf Bayerns geworden. Eine **Biogasanlage** mit zwei Blockheizkraftwerken (560 kW_{el} / 640 kW_{th}) und mehrere Photovoltaikanlagen produzieren fast zehnmal so viel Strom, wie in den 46 Haushalten vor Ort verbraucht wird. Über ein zwei Kilometer langes **Nahwärmenetz** werden 35 Häuser des Weilers und der Nachbarort Kümmersmühle mit Wärme versorgt. Die restliche Wärmeenergie wird in einer Trocknungsanlage für Brennholz und Schnittholz effizient genutzt. Eingebunden in das Aktionsbündnis Cerchov, in dem sechs deutsche und 15 tschechische Gemeinden zusammenarbeiten, ist Schäferei seit 2006 ein **Ausbildungsort für Energiewirte** und für

Schüler der neuen Technikerschule für regenerative Energien.
ⓘ Bioenergie GmbH & Co. KG, Schäferei 40, Tel. 09972/3000355, www.bioenergiedorf-schaeferei.de · **ÖPNV:** Nächster Bhf. Waldmünchen.

192 Wildpoldsried – Energiegemeinde

192/A5

Gemeinde mit Vorbildcharakter

Wildpoldsried, nördlich von Kempten im Allgäu gelegen, setzt seit 1999 konsequent auf Erneuerbare Energien: Allein die sieben von den Bürgern finanzierten Windkraftanlagen erzeugen über 20 Mio. kWh Strom im Jahr und damit mehr als das Dreifache dessen, was die Gemeinde selbst verbraucht. Die mit Holzpellets und Biogaswärme befeuerte **„Dorfheizung"** versorgt alle öffentlichen und einige private Gebäude mit Wärme. Nachhaltigkeit steht auch im Mittelpunkt des Projekts **„Wildpoldsrieder Wasserlandschaften im Moor"** mit Pflanzenkläranlage und informativem Lehrpfad zum Thema Regenrückhaltung. Für die zahlreichen Besucher steht seit 2012 ein **Ökologisches Bildungszentrum** mit Gästezimmern und kostenloser Stromtankstelle zur Verfügung.
ⓘ Kemptener Str. 2, Tel. 08304/9205-0, www.wildpoldsried.de · **ÖPNV:** Buslinie 62 von Kempten.

Die Allgäuer Gemeinde Wildpoldsried nutzt eine breite Palette Erneuerbarer Energien.

193 Wunsiedel – Pfad der Wind- und Erneuerbaren Energien

188/D6

Der **„Pfad der Wind- und Erneuerbaren Energien"** im Landkreis Wunsiedel lädt dazu ein, Erneuerbare Energieerzeugung aus nächster Nähe und anhand konkreter Projekte kennenzulernen.

Eines der in Wunsiedel umgesetzten Projekte ist das moderne **Biomasse-Heizkraftwerk der SWW Wunsiedel GmbH** mit **Pelletproduktion**. Die Pellets werden unter anderem in **innovativen Satelliten-Kraftwerken** mit Nahwärmenetz genutzt. Zudem ist Sonnenstromtechnik von insgesamt 600 kW_p auf verschiedenen Gebäuden der SWW und deren Tochterunternehmen sowie im **Solarpark Wunsiedel** installiert.

Ein weiteres Highlight des mit informativen Schautafeln ausgestatteten Pfades ist die **Windenergieanlage Braunersgrün** in der Gemeinde Höchstädt. Die Windkraftanlage der modernen 3-MW-Klasse hat einen 140 m hohen Turm, ihr Rotordurchmesser beträgt 112 m.

Das Projekt, das den Strombedarf von rund 2.400 Haushalte deckt, wurde von der **OSTWIND-Gruppe** aus Regensburg geplant und realisiert. Es bildet den Grundstock für den vom Bayerischen Umweltministerium ausgerufenen **„Windstützpunkt Wunsiedel"**.

In einem direkt unterhalb der Anlage errichteten Pavillon vermittelt OSTWIND grundlegendes Wissen zur Windkraftnutzung und wirbt für die Energiewende.

An der Windenergieanlage Braunersgrün gibt es einen Infopavillon.

ⓘ SWW Wunsiedel GmbH, Tel. 09232/8870, www.s-w-w.com und OSTWIND, Tel. 0941/55516, www.ostwind.de; interaktive Karte unter www.s-w-w.com/windstuetzpunkt · **ÖPNV:** Bhf. Wunsiedel-Holenbrunn, von dort mit dem Bus nach Wunsiedel.

Energie intelligent nutzen

Energie intelligent zu nutzen bietet große Einsparpotenziale. Mit am wirkungsvollsten ist hier die Wärmedämmung von Gebäuden. Hier können oft bis zu 70 Prozent des Heizenergiebedarfs eingespart werden.

In einem sinnvoll gedämmten Haus zu leben bedeutet einen erheblichen Gewinn an Lebensqualität. Effizient ist es auch, die in der Abluft enthaltene Wärme über **Wärmetauscher** zurückzugewinnen. Wärmetauscher übertragen die in der verbrauchten Luft enthaltene Wärme auf die in das Haus hineingeleitete kühlere Frischluft und sparen damit Heizenergie.

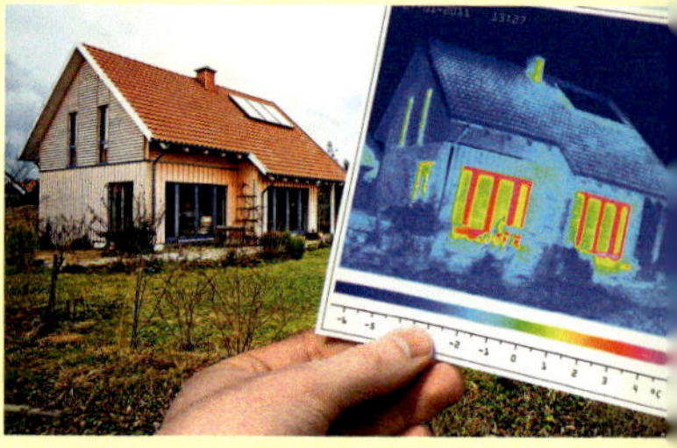

Das Wärmebild eines Hauses zeigt die effizient gedämmten Gebäudeteile (blau) und die Heizverluste (rot).

Wer neu baut oder umbaut, sollte auch an die **passive Solarenergienutzung** denken: Große Dachüberstände nutzen dabei den unterschiedlich hohen Sonnenstand im Verlauf der Jahreszeiten und sorgen für optimale Beschattung im Sommer und wärmende Sonneneinstrahlung im Winter. Bereits im 5. Jahrhundert vor unserer Zeitrechnung funktionierte das **Haus des Sokrates** nach diesem einfachen Prinzip: Im Winter kann die tief stehende Sonne weit ins Haus scheinen und Steinwände erwärmen, die als Wärmespeicher für die Nacht dienen. Im Sommer hingegen steht die Sonne hoch und wird durch einen großen Dachüberstand daran gehindert, die Fassaden zu erwärmen. Weitere Infos unter: http://baustoffe.fnr.de

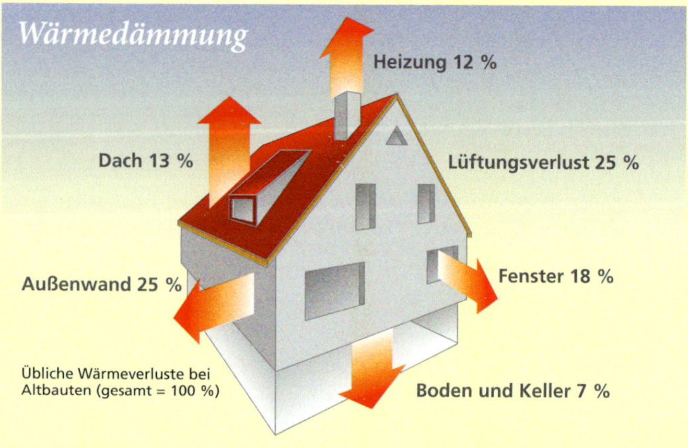

ATLASTEIL

Deutschland im Maßstab 1 : 1,7 Mio. zur leichten Orientierung mit Koordinatensystem und Markierungen aller im Text genannten Reiseziele

A
B
C
D
1
2
3
4
5
6
N O R D S E E
Zeichenerklärung
Autobahn mit Anschlussstelle
Autobahn in Bau
Autobahn in Planung
Autobahnähnliche Schnellstraße
Autobahnähnliche Schnellstraße in Bau
Wichtige Hauptstraße
Hauptstraße
Nebenstraße
Straßennummern
A35 28 18 5 E45
0 10 20 30 40 km
Kartenübersicht
182 183 184 185
186 187 188 189
190 191 192 193
Ostfriesische Inseln
Ostfriesland
Helgoland
Borkum
Juist
Norderney
Langeoog
Spiekeroog
Wangerooge
Schiermonnikoog
Ameland
Emden
Aurich
Leer
Papenburg
GRONINGEN
Leeuwarden
Drachten
Heerenveen
Assen
Emmen
Meppen
Lingen
Nordhorn
Zwolle
Lelystad
186

E
F
G
H
Aabenraa
Sønderborg
Als
Ærø
Langeland
Sylt
Föhr
Amrum
Halligen
Pellworm
Nordstrand
Flensburg
Kappeln
Kieler Bucht
Eckernförder Bucht
Hohwachter Bucht
Fehmarn
Husum
Schleswig
Eckernförde
Kiel
Rendsburg
St. Peter-Ording
Tönning
Heide
Neumünster
Bad Segeberg
Lübeck
Cuxhaven
Brunsbüttel
Itzehoe
Glückstadt
Elmshorn
Bremerhaven
Stade
Hamburg
Norderstedt
Ratzeburg
Mölln
Buxtehude
Geesthacht
Lauenburg
Boizenburg
Lüneburg
Bremen
Delmenhorst
Zeven
Rotenburg (Wümme)
Lüneburger Heide
Soltau
Uelzen
Verden
Walsrode
Bad Fallingbostel
Nienburg (Weser)
Celle
Burgwedel
Langenhagen
Gifhorn
Wolfsburg
Diepholz
Vechta
Wildeshausen
187

A
B
C
D
1
2
3
4
5
6
Smålandsfarvandet
Svendborg
Langeland
Langelandsbælt
Nakskov
Lolland
Maribo
Nykøbing F
Falster
Vordingborg
Stege
Møn
Møns Klint
Rødbyhavn
Gedser
Ærø
Marstal
Kappeln
Kieler Bucht
Fehmarn
Fehmarnbelt
Fehmer Bælt
Burg a.F.
Heiligenhafen
Hohwachter Bucht
Mecklenburger Bucht
Lübecker Bucht
Altenholz
KIEL
Schwentinental
Preetz
Plön
Lütjenburg
Oldenburg in Holstein
Neumünster
Bad Malente
Eutin
Neustadt in Holstein
Grömitz
Timmendorfer Strand
Scharbeutz
Bad Segeberg
Bad Schwartau
Stockelsdorf
LÜBECK
Bad Oldesloe
Kaltenkirchen
Henstedt-Ulzburg
Bargteheide
Norderstedt
Ahrensburg
HAMBURG
Ratzeburg
Mölln
Schwarzenbek
Geesthacht
Lauenburg
Winsen/L.
Boizenburg
Lüneburg
Bleckede
Hitzacker
Dannenberg
Uelzen
Munster
Bergen
Celle
Wittingen
Salzwedel
Gifhorn
WOLFSBURG
Poel
Wismar
Grevesmühlen
SCHWERIN
Hagenow
Ludwigslust
Parchim
Bad Doberan
Kühlungsborn
WARNEMÜNDE
ROSTOCK
Bützow
Güstrow
Teterow
Ribnitz-Damgarten
Barth
Mecklenburgische Seenplatte
Plauer See
Müritz
Waren
Malchow
Wittstock /Dosse
Pritzwalk
Perleberg
Wittenberge
Kyritz
Osterburg (Altmark)
Stendal
Tangermünde
Rathenow
Premnitz
Brandenburg an der Havel
Havelberg
Elbe
Lüneburger Heide
14
15
16
20
22
23
26
27
36
41
43
45
6
7
8
9
10
11
12
72
75

188

O S T S E E
Bornholm (Danmark)
M O R Z E
B A Ł T Y C K I
Rügen
Bergen auf Rügen
Stralsund
Greifswald
Greifswalder Bodden
Pommersche Bucht
Usedom
Wolgast
Anklam
Świnoujście
Wolin
Stettiner Haff
Ueckermünde
Torgelow
Pasewalk
Police
SZCZECIN
Stargard Szczeciński
Goleniów
Nowogard
Gryfice
Kołobrzeg
Łobez
Gryfino
Pyrzyce
Choszczno
Myślibórz
Barlinek
Dębno
GORZÓW WLKP.
Kostrzyn nad Odrą
Międzyrzecz
Sulęcin
Demmin
Grimmen
Reuterstadt Stavenhagen
Neubrandenburg
Neustrelitz
Prenzlau
Templin
Schwedt
Angermünde
Zehdenick
Eberswalde
Bad Freienwalde
Oranienburg
Bernau b.B.
Strausberg
Hennigsdorf
Velten
Falkensee
BERLIN
Neuenhagen b.B.
Rüdersdorf b.B.
Erkner
Uckermark
Odra
Warta
N I Z I N A
S Z C Z E C I Ń S K A
P O J E Z I E R Z E
M Y Ś L I B O R S K I
1
2
3
4
5
6
E
F
G
H
189

182
A
B
C
D
1
2
3
4
5
6
APELDOORN
ARNHEM
NIJMEGEN
Deventer
Hengelo
ENSCHEDE
Almelo
Rheine
OSNABRÜCK
MÜNSTER
HAMM
DORTMUND
BOCHUM
ESSEN
DUISBURG
KREFELD
DÜSSELDORF
WUPPERTAL
HAGEN
SOLINGEN
REMSCHEID
MÖNCHENGLADB.
LEVERKUSEN
KÖLN
BONN
AACHEN
KOBLENZ
Neuwied
WIESBADEN
MAINZ
Venlo
Helmond
Sittard
Heerlen
Kerkrade
Düren
Siegen
Limburg
Bitburg
Wittlich
Bingen
Bad Kreuznach
Boppard
Mayen
190

183
191
HANNOVER
BRAUNSCHWEIG
WOLFSBURG
BIELEFELD
PADERBORN
KASSEL
GÖTTINGEN
ERFURT
FRANKFURT a.M.
OFFENBACH
DARMSTADT
SUHL
Hildesheim
Salzgitter
Wolfenbüttel
Hameln
Minden
Herford
Detmold
Höxter
Holzminden
Einbeck
Northeim
Goslar
Nordhausen
Mühlhausen
Eisenach
Gotha
Arnstadt
Marburg
Gießen
Wetzlar
Fulda
Bad Hersfeld
Eschwege
Meiningen
Schweinfurt
Coburg
Bamberg
Aschaffenburg
Hanau
Bad Homburg
Bad Kissingen
Schwalmstadt
Korbach
Warburg
Witzenhausen
Heilbad Heiligenstadt
Bad Langensalza
Ilmenau
Hildburghausen
Bad Neustadt a. d. Saale
Lohr am Main
Hammelburg
Gelnhausen
Büdingen
Friedberg
Alsfeld
Lauterbach
Hünfeld
Schlüchtern
Bebra
Rotenburg a.d. Fulda
Melsungen
Baunatal
Bad Wildungen
Frankenberg (Eder)
Brilon
Bad Berleburg

184

Gifhorn
WOLFSBURG
Brandenburg an der Havel
Burgdorf
Uetze
Lehrte
Peine
Edemissen
Lehre
BRAUNSCHWEIG
Königslutter am Elm
Weferlingen
Haldensleben
Wolmirstedt
Burg
Genthin
Harsum
Lengede
Vechelde
Ilsede
Cremlingen
Helmstedt
Hohe Börde
Wolfenbüttel
Schöningen
Wanzleben
MAGDEBURG
Möckern
Salzgitter
Oschersleben
Gommern
Bad Salzdetfurth
Bockenem
Schönebeck
Zerbst/Anhalt
Vienenburg
Langelsheim
Halberstadt
Calbe
Goslar
Bad Harzburg
Ilsenburg
Wernigerode
Coswig (Anhalt)
Dessau-Roßlau
Seesen
Clausthal-Zellerfeld
Aken
Staßfurt
Bernburg
Blankenburg
Quedlinburg
Aschersleben
Köthen
Northeim
Osterode
Oberharz
Thale
Gräfenhainichen
Herzberg a.H.
Hettstedt
Südliches Anhalt
Muldestausee
Bad Lauterberg
Löbejün
Wolfen
Bitterfeld
Bovenden
Mansfeld
Südharz
Wettin
Lutherstadt Eisleben
GÖTTINGEN
Nordhausen
Landsberg
Delitzsch
Duderstadt
Sangerhausen
HALLE (Saale)
LEIPZIG
Taucha
Schkeuditz
Sondershausen
Merseburg
Leuna
Bad Dürrenberg
Heilbad Heiligenstadt
Leinefelde
Markkleeberg
Mühlhausen (Thüringen)
Naumburg
Weißenfels
Eschwege
Bad Langensalza
Sömmerda
Zeitz
Borna
Meuselwitz
Weimar
Apolda
Altenburg
Eisenach
Gotha
ERFURT
JENA
Eisenberg
Schmölln
Hermsdorf
Arnstadt
Gera
Meerane
Bad Salzungen
Stadtroda
Crimmitschau
Werdau
Glauchau
Lichtenstein
Ilmenau
Rudolstadt
Neustadt/Orla
Weida
Zwickau
Schmalkalden
Zella-Mehlis
Pößneck
Triptis
Greiz
Reichenbach i.V.
Saalfeld
Zeulenroda-Triebes
Meiningen
SUHL
Plauen
Auerbach
Schneeberg
Hildburghausen
Falkenstein
Oelsnitz
Sonneberg
Neustadt b.Coburg
Rödental
Hof
Bad Neustadt a. d. Saale
Coburg
Rehau
Bad Kissingen
Kronach
Münchberg
Selb
Lichtenfels
Kulmbach
Schweinfurt
Haßfurt
Wunsiedel
Cheb
Werneck
Bayreuth
Bamberg
Marktredwitz

192

185

E
F
G
H
1
2
3
4
5
6
POTSDAM
Teltow
Schönefeld
Erkner
Fürstenwalde
Frankfurt (Oder)
Słubice
Werder (Havel)
Ludwigsfelde
Königs Wusterhausen
Beelitz
Zossen
Eisenhüttenstadt
Świebodzin
Sulechów
Krosno Odrzańskie
Luckenwalde
Treuenbrietzen
Jüterbog
Lübben (Spreewald)
Lubin
Lübbenau
Lubnjow
Guben
Gubin
ZIELONA GÓRA
Cottbus
Chośebuz
Forst
Baršć
Lubsko
Żary
Żagań
Jessen (Elster)
Herzberg
Finsterwalde
Großräschen
Spremberg
Grodk
Torgau
Bad Liebenwerda
Lauchhammer
Senftenberg
Weißwasser /OL
Běła Woda
Elsterwerda
Hoyerswerda
Wojerecy
Gröditz
Niesky
Nìska
Wurzen
Oschatz
Riesa
Großenhain
Kamenz
Kamjenc
Grimma
Meißen
Coswig
Radebeul
Radeberg
Bischofswerda
Bautzen
Budyšin
Görlitz
Zgorzelec
Lubań
Döbeln
DRESDEN
Neustadt i.S.
Ebersbach
Wilsdruff
Freital
Heidenau
Pirna
Sebnitz
Neugersdorf
Rumburk
Varnsdorf
Zittau
Bogatynia
Frýdlant
Mittweida
Frankenberg
Freiberg
Flöha
CHEMNITZ
Děčín
Liberec
Jablonec n. Nisou
Nový Bor
Česká Lípa
Zschopau
Krupka
Ústí n. L.
Teplice
Stollberg
Zwönitz
Olbernhau
Marienberg
Litvínov
Bílina
Litoměřice
Lovosice
Annaberg-Buchholz
Schwarzenberg
Most
Chomutov
Roudnice n. L.
Mladá Boleslav
Klášterec
Kadaň
Mělník
Louny
Žatec
Neratovice
Brandys n. L.-St. Boleslav
Ostrov
Karlovy Vary
Kralupy n. Vlt.
Slaný
Nymburk
Poděbrady
Kladno
PRAHA
Rakovník
Kolín
Kutná Hora
Beroun
Benešov
Niederlausitz
Oberlausitz
Erzgebirge
58
60
61
62
65
66
67
68
70

193

186

A
B
C
D
1
2
3
4
5
6
Luxembourg
Trier
Konz
Idar-Oberstein
Kaiserslautern
Saarlouis
Völklingen
Saarbrücken
Neunkirchen
Homburg
Zweibrücken
Pirmasens
Landau
Neustadt
Worms
Metz
Thionville
Nancy
Lunéville
Sarrebourg
Saverne
Haguenau
Strasbourg
Kehl
Offenburg
Épinal
Remiremont
St-Dié
Sélestat
Colmar
Freiburg
Mulhouse
Belfort
Montbéliard
Vesoul
Besançon
Basel
Lörrach
St. Louis
Rheinfelden
Bad Säckingen
Waldshut
Delémont
Solothurn
Grenchen
Olten
Aarau
Brugg
Baden
Schwarzwald
Vosges
121
122
123
127
128
129
130
131
132
133
134
135
136
137
140
141
142
143
144
145
146
147
148
150
154
155
163

187

WÜRZBURG
HEIDELBERG
MANNHEIM
HEILBRONN
STUTTGART
PFORZHEIM
REUTLINGEN
ULM
AUGSBURG
Tübingen
Ludwigsburg
Esslingen
Göppingen
Schwäbisch Hall
Schwäbisch Gmünd
Aalen
Heidenheim
Nördlingen
Donauwörth
Dinkelsbühl
Rothenburg ob der Tauber
Bad Mergentheim
Ansbach
Fürth
Schwabach
Kitzingen
Neu-Ulm
Memmingen
Kempten (Allgäu)
Kaufbeuren
Landsberg
Füssen
Ravensburg
Friedrichshafen
Konstanz
Lindau (B.)
Bregenz
Sigmaringen
Biberach an der Riß
Tuttlingen
Rottweil
Winterthur
St.Gallen
Bodensee
Donau

188

A
B
C
D
1
2
3
4
5
6
Kitzingen
Ochsenfurt
Höchstadt an der Aisch
Forchheim
ERLANGEN
Neustadt an der Aisch
Bad Windsheim
Langenzenn
Fürth
NÜRNBERG
Lauf a.d.P.
Hersbruck
Sulzbach-Rosenberg
Amberg
Pegnitz
Auerbach i.d.O.
Weiden
Vohenstrauß
Rothenburg ob der Tauber
Ansbach
Schwabach
Wendelstein
Feucht
Altdorf
Burgthann
Neumarkt i.d.Opf.
Schwandorf
Burglengenfeld
Feuchtwangen
Crailsheim
Dinkelsbühl
Gunzenhausen
Roth
Weißenburg in Bayern
Treuchtlingen
Eichstätt
REGENSBURG
Kelheim
Neutraubling
Ellwangen (Jagst)
Aalen
Bopfingen
Nördlingen
Donauwörth
INGOLSTADT
Neuburg a.d.D.
Heidenheim a.d. Brenz
Herbrechtingen
Giengen a.d. Brenz
Dillingen a.d.D.
Schrobenhausen
Mainburg
Landshut
Pfaffenhofen a.d.I.
Moosburg a.d.I.
Freising
Erding
Langenau
Günzburg
Gersthofen
Aichach
Neu-Ulm
Neusäß
AUGSBURG
Weißenhorn
Krumbach (Schwaben)
Bobingen
Königsbrunn
Dachau
Unterschleißheim
Neufahrn
Garching
Ismaning
Schwabmünchen
Maisach
Fürstenfeldbruck
Germering
Gilching
Gräfelfing
Ottobrunn
Haar
MÜNCHEN
Waldkraiburg
Wasserburg am Inn
Mindelheim
Landsberg
Gauting
Starnberg
Grafing
Memmingen
Bad Wörishofen
Wolfratshausen
Holzkirchen
Bruckmühl
Bad Aibling
Kolbermoor
Rosenheim
Kaufbeuren
Weilheim i.OB.
Geretsried
Miesbach
Leutkirch im Allgäu
Schongau
Peiting
Peißenberg
Penzberg
Bad Tölz
Marktoberdorf
Kempten (Allgäu)
Isny
Murnau
Füssen
Kufstein
Immenstadt
Sonthofen
Garmisch-Partenkirchen
Mittenwald
Wörgl
Oberstdorf
Telfs
Schwaz
Hall i.T.
INNSBRUCK
170
187
181
183
188
184
182
185
172
171
174
175
176
177
178
173
192
167
169
189

190

E
F
G
H
1
2
3
4
5
6
191
PLZEŇ
Rokycany
Příbram
Dobříš
Benešov
Vlašim
Klatovy
Písek
Tábor
Pelhřimov
Strakonice
Sušice
Jindřichův Hradec
Prachatice
ČESKÉ BUDĚJOVICE
Český Krumlov
Domažlice
Zwiesel
Regen
Deggendorf
Plattling
Landau
Vilshofen
Passau
Hauzenberg
Freistadt
Zwettl
Schärding
Pocking
Pfarrkirchen
LINZ
Traun
Wels
Steyr
Amstetten
Braunau a.I.
Ried im Innkreis
Altötting
Burghausen
Vöcklabruck
Gmunden
Traunstein
Freilassing
SALZBURG
Bad Reichenhall
Hallein
Bad Ischl
Liezen
Bischofshofen
Saalfelden a.S.M.
St. Johann
Fohnsdorf
Knittelfeld
Judenburg
Böhmerwald
Šumava
Bayerischer Wald
Donau
Niedere Tauern

Erneuerbare-Energien-Verbände

- **Bundesverband BioEnergie** www.bioenergie.de
- **Bundesverband Deutscher Wasserkraftwerke** www.wasserkraft-deutschland.de
- **Bundesverband Erneuerbare Energie** www.bee-ev.de
- **Bundesverband Solarwirtschaft** www.solarwirtschaft.de
- **Bundesverband Wärmepumpe** www.waermepumpe.de
- **Bundesverband WindEnergie** www.wind-energie.de
- **Deutscher Energieholz- und Pellet-Verband** www.depv.de
- **Fachverband Biogas** www.biogas.org
- **GtV – Bundesverband Geothermie** www.geothermie.de

Nützliche Informationsquellen

- **Agentur für Erneuerbare Energien (AEE)** www.unendlich-viel-energie.de
- **BINE-Informationsdienst** www.bine.info
- **Bundesländer-Portal der AEE** www.foederal-erneuerbar.de
- **Deutsche Gesellschaft für Sonnenenergie** www.dgs.de
- **EUROSOLAR** www.eurosolar.de
- **Fachagentur Nachwachsende Rohstoffe** www.fnr.de
- **AEE-Forschungsradar Energiewende** www.forschungsradar.de
- **Grüner Strom Label** www.gruenerstromlabel.de
- **AEE-Infoportal Kommunal-Erneuerbar** www.kommunal-erneuerbar.de
- **Infoseite des Bundesumweltministeriums** www.erneuerbare-energien.de
- **Wärmewechsel. Einfach sauber heizen** www.waermewechsel.de

Fachzeitschriften

- **Erneuerbare Energien** www.erneuerbareenergien.de
- **Neue Energie** www.neueenergie.net
- **Photon** www.photon.de
- **Photovoltaik** www.photovoltaik.eu
- **Solarthemen** www.solarthemen.de
- **Sonnenenergie** www.sonnenenergie.de
- **Sonne Wind & Wärme** www.sonnewindwaerme.de

Der Autor

Martin Frey

Martin Frey, geboren 1970 in Mainz, ist Diplom-Geograph mit den Nebenfächern Publizistik und Soziologie. Während des Studiums in Mainz und Dijon arbeitete er bereits für verschiedene Medien. Das Thema Erneuerbare Energien packte ihn 1995 bei einem Vortrag des Trägers des Alternativen Nobelpreises und EUROSOLAR-Präsidenten Dr. Hermann Scheer (1944–2010) in seiner Heimatstadt. Nach dem Berufsstart als Pressesprecher ist er seit 2005 bundesweit als freier Fachjournalist und PR-Experte für die Branche tätig – es sei denn, er reist gerade wieder der Sonne entgegen... www.agenturfrey.de

Ausstattung:
193 Abbildungen, 22 Karten, 46 grafische Abbildungen und 12 Seiten Atlasteil
Autor:
Martin Frey, Mainz
Kartografie:
© MAIRDUMONT, Ostfildern; Christoph Gallus, Hoberg; Franz Huber, München; Klaus-Peter Lawall, Unterensingen
Gestalterisches Konzept:
GSD-Grafik, Stuttgart
Miklos Schiberna
2. Auflage 2014
Redaktionsschluss: 12/2013
Urheberhaft:
Karl Baedeker Verlag, Ostfildern

MAIRDUMONT BUSINESS SOLUTIONS
Marco-Polo-Straße 1
73760 Ostfildern
Tel. 0711/4502-156
Fax 0711/4502-351
b2b@mairdumont.com
http://b2b.mairdumont.com
www.mairdumont.com

In Kooperation mit:
Agentur für Erneuerbare Energien e. V.
Invalidenstraße 91
10115 Berlin
Tel. 030/200535-3
Fax 030/200535-51
kontakt@unendlich-viel-energie.de
www.unendlich-viel-energie.de

Liebe Leserin, lieber Leser!
Wir setzen alles daran, Ihnen möglichst aktuelle Informationen zu geben. Dennoch ändern sich Fakten oft sehr schnell und es schleichen sich manchmal Fehler ein – trotz gründlicher Recherche des Autors. Insbesondere können die Leistungsdaten der Erneuerbare-Energien-Anlagen bei den Reisezielen aufgrund von Neuinstallationen oder Erweiterungen schnell überholt sein. Ebenso schreitet der Ausbau Erneuerbarer Energien in Deutschland und in den Regionen dynamisch voran. Alle genannten Angaben beziehen sich auf den Redaktionsschluss dieses Reiseführers. Für die Richtigkeit kann trotz sorgfältiger Prüfung keine Garantie/ Haftung übernommen werden.

Printed in Germany
Gedruckt auf FSC Papier

FSC®
www.fsc.org
MIX
Papier aus verantwortungsvollen Quellen
FSC® C004592

Bildnachweis:
Bodensee-Solarschifffahrt GmbH (Umschlag innen vorne 1, 140 groß); Sven Thomas (Umschlag innen vorne 2, 59 u.); Fachagentur Nachwachsende Rohstoffe e. V. (FNR) / Jan Zappner (Umschlag innen vorne 3, 54); Stadt Rietberg (Umschlag innen vorne 4, 123 o.); Wolfgang Schubert (Umschlag innen vorne 5, 101 u.); Therme Erding (Umschlag innen vorne 6, 166); Windwärts Energie GmbH (1, 52 o., 52 rund, 52 u.); MairDumont (2); IASS/Schulzendorff (3); paul-langrock.de (4, 5, 22 u., 61, 72 rund, 74, u.); Ferropolis GmbH/Stephan Flad (6, 94 u.); Dortmunder Energie- und Wasserversorgung GmbH (DEW 21)/Frauke Schumann (7, 116 groß); E-Fun-Park Pottenstein/Philip Reichel (8, 175); Herbert Grabe/OSTWIND (9, 179); SOLON/Silke Reents (10); Patrick Frischknecht/ Still Pictures (13); © Sven Plöger/Foto: Olaf Rayermann (16 o.); www.jankobel.de (17 o.); GAP mbH (17 u., 77 o.); SolarWaterWorld AG (23, 75 u.); Initiative Zukunftsmobilität (24, 156 o.); Windpark Druiberg GmbH u. Co KG, www.energiepark-druiberg.de (25); Thomas Langreder (26 o., 53 o.); Martin Frey (26 u., 35 o., 72 o., 80 u., 105, 116 rund, 117 u., 118 o., 121 o., 128, rund, 147 o., 153, 171 o.); juwi AG (28 o., 81, 107 u., 109 o., Umschlag außen hinten li.); Horst Nebbe (28 u.); Stranddorf Augustenhof (29); Mauritius Images/Haag + Kropp (32); Marcus Meyer / Klimahaus® Bremerhaven 8° Ost (36); Jens Lehmkühler / EWE AG (37); ATG Alster-Touristik GmbH (38 o.); Ritter XL Solar GmbH (38 u.); Günter Dix (39); Hamburger Klimaschutzstiftung (40); Werner Flegel (41); FNR/Dr. Dietmar Peters (43); Natur- und Umweltpark Güstrow (44); Strelitzer PC Senioren (45); Nationalpark-Zentrum KÖNIGSSTUHL (46); Brigitte Schmidt (47); Gudrun Schützler (48 groß, 48 rund); Bernstorffsche Betriebe (51); www.e-u-z.de/René Ledrado (55); Ristow / SMA Solar Technology AG (58); AUDI AG (59 o.); Mauritius Images/imagebroker/Jürgen Wackenhut (63); artefact (64); Kur- und Tourismusservice Pellworm (65 li.); Peter Messer (66); Kai Christensen (67); NABU-Zentrum Blumberger Mühle (69); LOOK-foto/Brigitte Merz (70 o., 73 o.); Liquidrom GmbH & Co. KG (70 u.); SDTB/ Doehring (71); Fnoxx/Hettrich (72 u.); Oliver Eltinger (74 o.); Ökodorf Brodowin (76); Ferienhof Salveymühle (77 u.); Energiequelle GmbH (78 o.); Nina Ruge/Krause-Burberg (78 u.); Fuhrländer AG c/o König Rechtsanwälte (79 rund); ARGE hochC Landschaftsarchitektur/ Horst Schumacher/Lenné3D (80 o.); Oberelbische Verkehrsgesellschaft Pirna-Sebnitz mbH (82 groß, 82 rund); SunStrom GmbH (83); Harald Börner (84 o.); ENSO (84 M.); Die Puhdys/Ben Wolf (84 u.); SDG/Schmidt (85 o.); EnergieEvent Center (EEC), Entwurf AIG Beraten & Planen GmbH (86 o.); Franz Alt (86 u.); Klaus-Dieter Fabisch (87 groß); OKAPIA KG, Germany (87 rund); Juraj Lipták (90); TEUTLOFF gGmbH (91); Ökodorf Sieben Linden (92); Michael Bader (93); Lars Rotzsche/ wpd AG (94 o.); Deutsche Kreditbank AG (95); Mauritius Images/Peter Enzinger (97); Jens Düring (98); Knapp-Mühle Linda (99); FNR/Jan Zappner (100); Lohmühlenmuseum Tambach-Dietharz (101 o.); EnBW AG (103 u.); Wiesbaden Marketing GmbH (104); ABO Wind AG (106, 111 o., 132 u.); Überlandwerk Groß-Gerau GmbH (107 o.); Norbert Eckert (108); Brauhaus Wiesenmühle (110); Heino Kirchhof (111 u.); Überwaldbahn gGmbH (112); Stadt Ulrichstein (113 o.); Stadtwerke Wolfhagen GmbH (113 u.); Stadt Arnsberg/NASS (115); Wissenschaftspark Gelsenkirchen (117 o.); Jean Putz (118 u.); Deutsches Zentrum für Luft- und Raumfahrt (DLR) (120); Wunderland Kalkar (122); Familotel Ebbinghof (123 u.); Wuppertaler Stadtwerke (124); Fachhochschule Trier (126); LOOK foto/ Philip Koschel (127); Werner Otto (128 groß); Gemeinde Morbach (129); Bio-Solar-Haus (132 o.); Dirk Guldner (134); Conergy (135 groß, 136); blickwinkel/A. Krieger (135 rund); WZB gGmbH Wendelinushof (137); Saarpfalz-Kreis (138); Haupt- und Landgestüt Marbach/Stephan Kube (141); Katharina Wagner/Edward Beierle (143 o.); Rolf Disch SolarArchitektur (144); Fraunhofer Institut für Solare Energiesysteme ISE (145, 146 o.); Architekturbüro Yoko und Roland Rombach (146 u.); Gantner, Neckargemünd (148); © ZKM | Zentrum für Kunst und Medientechnologie Karlsruhe, Foto: Fabry (149 rund); picture-alliance/dpa: Uli Deck (149 groß); Tourist-Info Königsfeld (150 o.); Jess Jochimsen / Achim Hehn (150 u.); Hofgut Hopfenburg GmbH (151); Energiedienst Holding AG (152); Haus des Waldes / Lutz Wahler (154); Stadt Neckarsulm / Daniel Nasse (155); Solarstiftung Ulm/Neu-Ulm (156 u.); Robert Strumberger (157 u.); Miramar Freizeitzentrum Weinheim (158); huber-images.de/Hans-Peter Huber (159); Stadt Alzenau (160 o.); Zentrum für Umwelt und Kultur Benediktbeuern (160 u.); Oliver Wieser - Landratsamt Main Spessart (161 o.); SIMG GbR - Solarbier Innovations- und Marketing-Gesellschaft (161 u.); Brunnsteinhütte (164); vario image/imagebroke (165, 172 u.); Florian Stern (167); Green City Energy AG/ Oliver Bodmer (167 rund); Kopfwerk.com 2013 Timo Allin (170); Regionalmanagement Stadt und Landkreis Bayreuth GbR, Stephan Herbert Fuchs (171 u.); Mohrenhof Franken/grafikdesign rammler (172 o.); NATURSTROM AG (172 rund, 174 u., 174 o.); Tiergarten Nürnberg (173); Ökomodell Achental e.V. (176); LOOK-foto: age fotostock (177); Gemeinde Wildpoldsried (178); © fotolia.com/Ingo Bartussek (180 o.)

Grafiken:
Agentur für Erneuerbare Energien (12, 14, 15 (2 x), 16 u., 18, 19, 20, 21 (2 x), 22 o., 30, 31, 56, 57 (2 x), 88, 89 u., 89 o., 102, 103 o., 130/131, 131, 142, 143 u., 162, 163 o., Umschlag innen hinten (8 x), Umschlag außen hinten re.); Stiftung OFFSHORE-WINDENERGIE/Blickfang (60); Verein Ökologisch Wirtschaften! e.V. (65 re.); DIE WOCHE, 6. Jg. (1998), Nr. 28, S. 22 (73 u.); Maike Klamp (79 li., 140 rund); Solarstiftung Ulm/Neu-Ulm (157 o.); Wirtschaftsforum Geothermie e.V./gec-co GmbH (163 u.); Green City Energy AG (167 groß); Geothermie Unterhaching GmbH & Co KG (169); Stadtverwaltung Ludwigshafen am Rhein (180 u.)

Zahlen mit Ausrufezeichen

Erneuerbare Energien haben viele positive Effekte für Wirtschaft und Gesellschaft. Hier finden Sie einige überraschende Beispiele.

100 % heimische Energiegewinnung

Die Energieversorgung Deutschlands ist extrem abhängig von Energieimporten. Im Jahr 2012 mussten zur Deckung des Bedarfs an Erdgas und Steinkohle noch mehr als 80 % importiert werden. Beim Mineralöl ist Deutschland sogar zu 98 % auf Einfuhren angewiesen. Erneuerbare Energien verringern diese Abhängigkeit und tragen so dazu bei, unsere Versorgungssicherheit zu erhöhen.

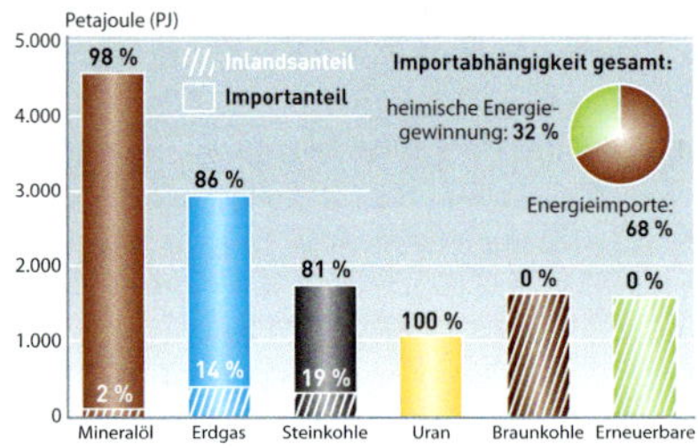

Quelle: Bundeswirtschaftsministerium · Stand: 11/2013

145 Mio. t CO_2-Ausstoß vermieden

Im Jahr 2012 haben die Erneuerbaren Energien Treibhausgasemissionen in Höhe von rund 145 Mio. t CO_2-Äquivalenten vermieden, fast 13 % mehr als im Vorjahr. Zwei Drittel der Vermeidungseffekte wurden dabei im Stromsektor erzielt. Im Bereich der Wärme wurden 38 Mio. t CO_2-Äquivalente vermieden, beim Verkehr konnten durch den Einsatz von Biokraftstoffen über 5 Mio. t Treibhausgase eingespart werden.

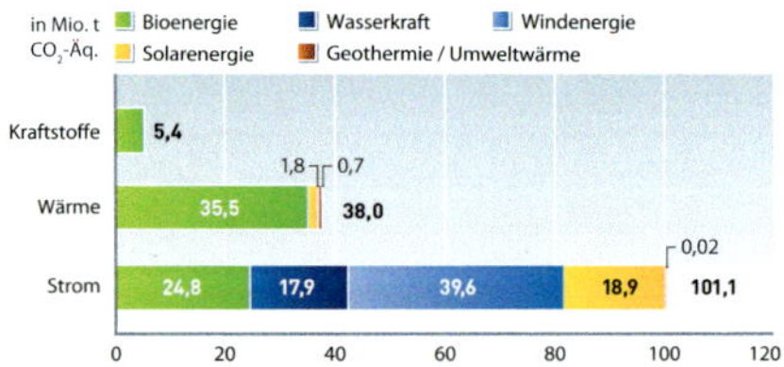

Quellen: BMU/UBA/AGEE-Stat · Stand: 7/2013

47 % Bürgerenergie

Bürgerenergieanlagen haben einen erheblichen Anteil an der installierten Leistung Erneuerbarer Energien. Der Beitrag der Bürger zur Energiewende ist fast viermal so groß wie jener der Energieversorger. Insgesamt sind 47 % der bis Ende 2012 installierten Leistung aus Erneuerbaren Energien in der Hand der Bürgerinnen und Bürger.

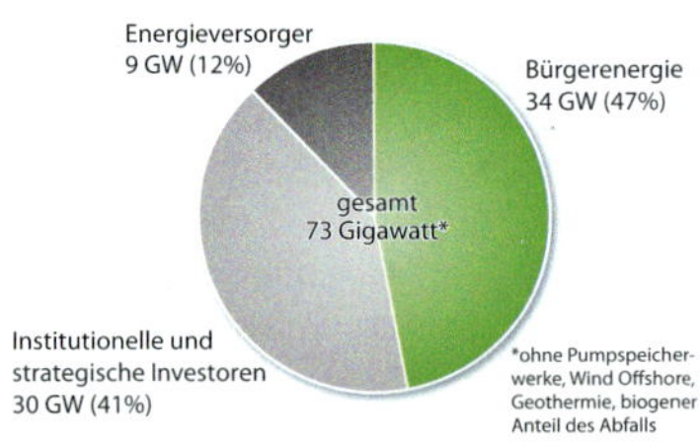

Quelle: trend:research, Leuphana Universität Lüneburg
Stand: 10/2013